KB174724

한국의
초본류
정원식물

박석근, 정현환, 정미나 지음

이담 Books

머리글

세상은 아는 만큼 보인다고 했다. 세상은 식물과 동물로 가득하며 동물인 우리는 식물로부터 의/식/주 등을 해결하므로 식물 없이는 단 하루도 살기 힘든데 현실은 그 고마운 식물의 이름조차 잘 모르고 살고 있다.

2006년 12월에 있었던 싱가포르 가든 페스티벌에 가서 열대식물 1,000여 종 이상을 정리한『1001 Garden Plant in Singapore』라는 책을 보고 부러움과 함께 우리는 왜 이런 책을 못 쓰나 하는 생각이 들었다.

그리고 3년이 지난 즈음 이 책의 저자들이 모여서 우리도 우리나라에서 심고 가꾸는 식물들을 정리한 책을 출간해보고자 의기투합하게 되었고 다시 1년 이상의 시간을 투자하였다.

정원을 가꾸고 싶어하는 모든 이들에게 유익하게 활용될 수 있도록 모두 3권으로 1편은 초본류, 2편은 목본류, 3편은 실내식물로 계획을 잡고 우선 초본류 600여 종에 대하여 정리하여 이번에 우선 출간하게 되었다.

식물 이름과 과명 및 학명 등에서 이견이 있을 수 있으나 우리나라의 식물은 "국가표준식물목록"을 기준으로 하였고, 외국 식물의 경우는 RHS(영국왕립원예협회)의 "Plant Finder"를 참조하였다.

원예/화훼분야와 식물원에서의 오랜 경험을 가지고 있으며 "온누리를 꽃과 정원으로"라는 슬로건으로 노력하는 멤버들이라 열심과 열정이 넘쳐나서 이번에 좋은 결과를 보이게 되었다고 생각한다.

나름 오랜 기간 동안 자료와 사진을 모으고 정리하였으나 아직도 부족한 부분이 보여 아쉽지만 이러한 것들이 노하우로 쌓여서 2편에서는 좀 더 나은 결과를 보여주겠다는 다짐을 해본다.

이 책이 나오기까지 여러 가지로 수고한 저자뿐만 아니라 출판사 관계자들에게도 많은 감사 드린다.

2011. 10. 저자일동

CONTENTS

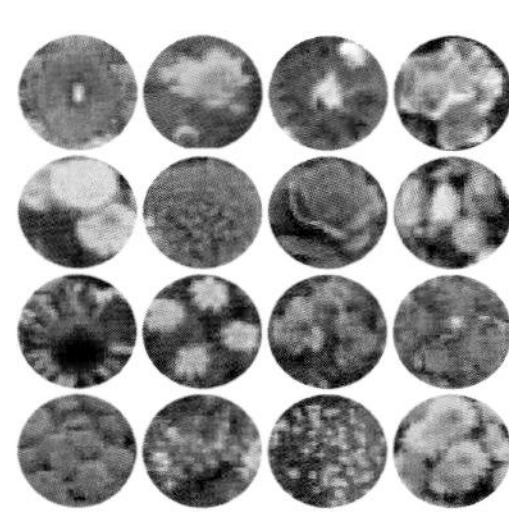

01. 가래과(Potamogetonaceae)

1	2	3	4	5	6	7	8	9	10	11	12

식물명	대가래	용 도	수재화단용, 수생식물원
학 명	*Potamogeton malaianus* Miq.	번식방법	분주(봄, 가을)
		생육적온	16~25℃
별 명	새우말	내한성	-18℃
생활형	다년초	광 요구도	양지
개화기	7~9월	수분 요구도	많음
화 색	연황색	관리포인트	3~4년마다 분주해야 함
초장, 초폭	10cm, 10cm	비 고	흐르는 물 속에서 자라는 식물

1	2	3	4	5	6	7	8	9	10	11	12

식물명	칼리브라코아
학 명	*Calibrachoa* x *hybrida* Hort.
영 명	Milion Bell
별 명	밀리언벨
생활형	추파 일년초(덩굴성)
개화기	5~10월
화 색	백색, 황색, 주황, 분홍, 적색, 자주, 청색 등 다양
초장, 초폭	15~30cm, 25~30cm (40~60cm 퍼짐)
용 도	걸이화분, 컨테이너용, 화단용, 창문화단용
번식방법	종자(가을 · 봄, 13~18℃) 삽목(여름, 녹지삽)
생육적온	16~30℃
내한성	0℃
광 요구도	양지
수분 요구도	많음
관리포인트	장시간 꽃을 풍성하게 보기 위해 완효성 비료 시비해야 함
비 고	페튜니아와 유사하나 꽃과 잎이 작고 목질화되는 줄기가 있음

02. 가지과(Solanaceae)

1	2	3	4	5	6	7	8	9	10	11	12

식물명	꽃고추	번식방법	종자(21℃ 이상, 3~4주, 종자 채종 시 장갑 사용)
학 명	*Capsicum annuum* var. *annuum* L.	생육적온	21~30℃
영 명	Ornamental Pepper	내한성	10~16℃
별 명	화초고추, 하늘고추	광 요구도	양지
생활형	춘파 일년초	수분 요구도	많음
개화기	7~10월	관리포인트	어린 식물의 정단부를 잘라 측지 발생을 촉진시킴
화 색	적색, 황색, 백색, 자주색, 흑색 등 다양	비 고	열매의 색을 관상 다양한 색과 형태의 품종이 있음
초장, 초폭	30~60cm, 20~60cm		
용 도	화단용, 분화용, 컨테이너용		

02. 가지과(Solanaceae)

1	2	3	4	5	6	7	8	9	10	11	12

식물명	털독말풀
학 명	*Datura metel* L.(*D. meteloides, D. innoxia*)
영 명	Devil's Trumpet, Horn of Plenty, Downy Thorn Apple
별 명	털독말풀, 독말풀, 흰독말풀, 자주독말풀, 만다라화
생활형	춘파 일년초
개화기	6~9월
화 색	백색, 자주색
초장, 초폭	1~2m, 40~60cm
용 도	분화, 화단용, 향기원, 컨테이너용

번식방법	종자(15℃, 3~6주)
생육적온	16~30℃
내한성	−5℃
광 요구도	양지
수분 요구도	보통
관리포인트	알칼리성 토양을 선호하므로 석회시비 음지에서는 생육 못함 독초이므로 사용 시 주의 가지과의 바이러스에 약하므로 감자, 토마토 근처에 식재하지 말 것
비 고	개화기간이 매우 김 꽃향기가 좋지만 잎에서는 좋지 않은 냄새가 남 야간 개화성인 경우가 많음

02. 가지과(Solanaceae)

1	2	3	4	5	6	7	8	9	10	11	12

식물명	꽃담배	번식방법	종자
학 명	*Nicotiana alata* Link et Otto.	생육적온	16~30℃
		내한성	종자로 월동
영 명	Flowering Tobacco, Jasmin Tobacco	광 요구도	양지
		수분 요구도	보통
생활형	일년초	관리포인트	배수가 잘된 토양 통풍이 잘되어야 함 꽃이 다 진후 지상부 제거
개화기	7~9월 중순		
화 색	백색, 분홍색, 연녹색, 적색 등 다양한 색		
초장, 초폭	80cm, 30cm	비 고	밤에 향기 남. *N. langsdorffii* *N. X sanderae*
용 도	화단용		

1	2	3	4	5	6	7	8	9	10	11	12

식물명	페투니아
학 명	*Petunia hybrida* Vilm.
영 명	Common Garden Petunia
생활형	일년초
개화기	5월부터 서리가 내릴 때 까지
화 색	흰색, 분홍색 등 다양한 색
초장, 초폭	30cm, 40cm
용 도	여름화단용, 초화원, 걸이화분
번식방법	종자(25~30℃), 분주(봄, 가을)
생육적온	16~30℃
내한성	8℃
광 요구도	양지
수분 요구도	보통
관리포인트	너무 과습하지 않도록 함 관상가치와 개화기 연장을 위해 시든 꽃 제거
비 고	많은 원예품종이 있음 Surfinia 시리즈가 많이 쓰이며 사피니아로 유통됨

02. 가지과(Solanaceae)

1	2	3	4	5	6	7	8	9	10	11	12

식물명	꽈리
학 명	*Physalis alkekengi* var. *franchetii* Hort.
영 명	Chinese Lantern Plant, Japanese Lantern
별 명	꼬아리, 때꽐
생활형	다년초
개화기	6~7월
화 색	백색
초장, 초폭	60cm, 30cm
용 도	화단용, 초화원, 지피식물원, 약용 화단용, 초화원, 약초원, 어린이정원
번식방법	종자, 분주(봄, 가을)
생육적온	16~25℃
내한성	−15℃
광 요구도	양지
수분 요구도	보통
관리포인트	월동을 위하여 늦은 가을에 지상부 전지해야 함 배수가 잘되는 토양 3~4년마다 분주해야 함
비 고	씨를 빼내고 입에 넣어 공기를 채웠다가 누르면 소리가 나므로 어린이정원에 심으면 좋음

02. 가지과(Solanaceae)

1	2	3	4	5	6	7	8	9	10	11	12

식물명	나팔담배꽃
학 명	*Salpiglossis sinuata* Ruiz et Pav.
영 명	Scalloped Tube Tongue, Velvet Trumpet Flower Painted Tongue, Painted Tongue
생활형	춘파일년초
개화기	7~8월
화 색	백색, 황색, 적색, 자주색, 분홍색 등 다양한 색
초장, 초폭	50cm, 30cm
용 도	화단용, 분화용
번식방법	종자(봄)
생육적온	16~30℃
광 요구도	양지
수분 요구도	많음
관리포인트	관상가치와 개화기 연장을 위해 시든 꽃 제거

02. 가지과(Solanaceae)

1	2	3	4	5	6	7	8	9	10	11	12

식물명	호접초	용 도	분화용, 절화용, 화단용, 지피식물원,
학 명	*Schizanthus pinnatus* Ruiz et Pav.	번식방법	종자
영 명	Poor Man's Orchid, Butterfly Flower	생육적온	8~12℃
		내한성	3~5℃
별 명	시잔투스	광 요구도	양지
생활형	일년초	수분 요구도	보통
개화기	5~6월	관리포인트	배수가 잘된 토양 환기 요함
화 색	백색, 분홍색, 연남색		
초장, 초폭	60cm, 30cm		

02. 가지과(Solanaceae)

1	2	3	4	5	6	7	8	9	10	11	12

식물명	솔라눔 크리스품
학 명	*Solanum crispum* Ruiz & Pav.
영 명	Chilean Potato Vine, Chilean Nightshade, Chilean Potato Tree
별 명	칠레감자덩굴
생활형	덩굴성다년초
개화기	7~8월
화 색	남색
초장, 초폭	60cm, 30cm
용 도	덩굴식물원
번식방법	종자, 분주(봄, 가을), 삽목(봄, 가을)
생육적온	16~25℃
내한성	8℃
광 요구도	양지
수분 요구도	많음

02. 가지과(Solanaceae)

1	2	3	4	5	6	7	8	9	10	11	12

식물명	노랑혹가지	용 도	화훼장식용, 절화용
학 명	*Solanum mamosum* L.	번식방법	종자
영 명	Fox Face	생육적온	16~30℃
별 명	여우얼굴	내한성	8℃
생활형	춘파일년초	광 요구도	양지
개화기	7~8월	수분 요구도	많음
화 색	자주색	관리포인트	배수가 잘된 토양
초장, 초폭	80cm, 30cm	비 고	원산지에서는 상록관목임

1	2	3	4	5	6	7	8	9	10	11	12

식물명	백가지
학 명	*Solanum melongena* L. var. *pumilio* Hara
영 명	Egg Tree, Egg Plant, White Egg Tree
별 명	계란가지
생활형	춘파일년초
개화기	6~9월
화 색	자주색
초장, 초폭	80cm, 30cm
용 도	화훼장식용, 분화용
번식방법	종자
생육적온	16~30℃
내한성	8℃
광 요구도	양지
수분 요구도	많음
관리포인트	배수가 잘된 토양
비 고	원산지는 관목상의 다년초임 melongena는 박과 식물이라는 뜻임 백색의 열매가 노랑색으로 변함

02. 가지과(Solanaceae)

1	2	3	4	5	6	7	8	9	10	11	12

식물명	예루살렘체리
학 명	*Solanum pseudocapsicum* L.
영 명	Jerusalem Cherry, Madeira Winter Cherry, Winter Cherry
별 명	옥천앵두
생활형	온실 관목상 다년초
개화기	5~7월
화 색	백색
초장, 초폭	80cm, 40cm

용 도	분화용, 화단용
번식방법	종자, 삽목(가지삽: 봄, 가을)
생육적온	16~30℃
내한성	5℃
광 요구도	양지
수분 요구도	보통
관리포인트	배수가 잘된 토양 건조에 강함
비 고	pseudocapsicum는 거짓(pseudo)의 뜻과 고추(capsicum)라는 뜻임 결국 가짜고추라는 뜻임

1	2	3	4	5	6	7	8	9	10	11	12

A. pseudoarmeria

식물명	나도부추
학　명	*Armeria maritima* (Mill.) Willd.
영　명	Sea Pink, Sea Thrift
별　명	너도부추, 애기부추
생활형	다년초
개화기	4~5월
화　색	분홍, 적색, 흰색
초장, 초폭	30cm, 30cm
용　도	화단용, 암석원, 지피용, 벽정원, 옥상정원
번식방법	삽목(반숙지삽), 분주(9~10월), 종자
생육적온	18~25℃
내한성	−15℃
광 요구도	양지
수분 요구도	적음
관리포인트	겨울철 토양이 습하면 내한성이 떨어짐 토양이 과하게 비옥하지 않도록 주의
비　고	*A. pseudoarmeria* 너도부추(잎이 넓고 꽃대가 길게 나옴, 내한성이 떨어짐)

03. 갯질경이과(Plumbaginaceae)

1	2	3	4	5	6	7	8	9	10	11	12

식물명	꽃갯질경이
학 명	*Limonium sinuatum* (L.) Mill.
영 명	Statice, Sea Pink, Sea Lavender
별 명	스타티스
생활형	일년초
개화기	7~8월
화 색	백색, 분홍색, 황색 등 다양한 색
초장, 초폭	50cm, 30cm
용 도	화단용, 건조화, 절화용
번식방법	종자(봄, 가을)
생육적온	5~15℃
내한성	5℃
광 요구도	양지
수분 요구도	보통
관리포인트	환기가 요함 배수가 잘된 토양이 좋음 건조에 강함
비 고	많은 원예품종이 있음

04. 괭이밥과(Oxalidaceae)

1	2	3	4	5	6	7	8	9	10	11	12

식물명	핑크꽃 옥살리스
학 명	*Oxalis debilis* Kunth.
영 명	Pink Wood Sorrel
생활형	근경성 다년초
개화기	4~9월
화 색	분홍색
초장, 초폭	20cm, 20cm
용 도	화단용, 분화용
번식방법	분주(봄, 가을)
생육적온	16~30℃
내한성	10℃
광 요구도	양지
수분 요구도	적음
관리포인트	내건성식물 배수가 잘되는 토양 만개 2주 정도에 시든 꽃 제거로 개화기 연장과 관상가치 향상 3~4년마다 분구해야 함
비 고	잎이 밤에 오므라짐.

04. 괭이밥과(Oxalidaceae)

1	2	3	4	5	6	7	8	9	10	11	12

식물명	첫사랑초
학 명	*Oxalis enneaphylla* 'Rosea'.
영 명	Rosea Sorrel
생활형	근경성 다년초
개화기	6~7월
화 색	분홍색, 자주색
초장, 초폭	10cm, 10cm
용 도	화단용, 분화용
번식방법	분구(봄, 가을)
생육적온	16~30℃
내한성	10℃
광 요구도	반음지, 음지
수분 요구도	적음
관리포인트	내건성식물 배수가 잘되는 토양 만개 2주 정도에 시든 꽃 제거로 개화기 연장과 관상가치 향상 3~4년마다 분구해야 함
비 고	잎이 밤에 오므라짐

04. 괭이밥과(Oxalidaceae)

1	2	3	4	5	6	7	8	9	10	11	12

식물명	참사랑초
학 명	*Oxalis obtusa* Jacq.
영 명	Yellow Eyed Sorrel
생활형	구근성 다년초
개화기	5~6월
화 색	분홍색 가운데 황색
초장, 초폭	15cm, 15cm
용 도	화단용, 분화용
번식방법	분구(봄, 가을)
생육적온	16~30℃
내한성	10℃
광 요구도	양지, 반음지
수분 요구도	적음
관리포인트	내건성식물 배수가 잘되는 토양 만개 2주 정도에 시든 꽃 제거로 개화기 연장과 관상가치 향상 3~4년마다 분구해야 함
비 고	잎이 밤에 오므라짐

04. 괭이밥과(Oxalidaceae)

1	2	3	4	5	6	7	8	9	10	11	12

식물명	사랑초
학 명	*Oxalis triangularis* ssp. *papilionacea* (Hoffsgg. ex Zucc.) Lourteig
영 명	Red Leaf Oxalis
생활형	근경성 다년초
개화기	5~7월
화 색	연분홍
초장, 초폭	20cm, 20cm
용 도	화단용, 분화용
번식방법	분구
생육적온	16~30℃
내한성	10℃
광 요구도	양지
수분 요구도	적음
관리포인트	내건성식물 배수가 잘되는 토양 만개 2주 정도에 시든 꽃 제거로 개화기 연장과 관상가치 향상 3~4년마다 분구해야 함
비 고	잎이 밤에 오므라짐.

1	2	3	4	5	6	7	8	9	10	11	12

식물명 톱풀
학 명 *Achillea alpina* L. (*A. sibirica* Ledeb.)
영 명 Chinese Yarrow, Alpina Yarrow, Sibirian Yarrow
별 명 가새풀, 야로우
생활형 다년초
개화기 7~10월
화 색 흰색
초장, 초폭 35~75cm, 45cm
용 도 지피용, 허브가든, 식용(어린잎), Border Plants
번식방법 종자(봄), 분주(봄)
생육적온 16~30℃
내한성 −15℃
광 요구도 양지

수분 요구도 적음
관리포인트 내건성 식물
배수가 잘되는 토양
번식력이 왕성하므로 주의(지하경이 mat 형성)
질소질 비료 공급 시 지나치게 생장하므로 피할 것
수명이 다 된 꽃 제거 시 개화기 연장
2~3년마다 포기나누기 실시
비 고 Achillea는 트로이의 영웅 아킬레스 장군의 이름에서 비롯된 것인데 이 식물의 약효를 가르쳐주어서 상처를 고쳤으므로(지혈제) 그의 이름을 따서 아킬레아라 부르게 되었다는 전설도 있음

05. 국화과(Asteraceae)

1	2	3	4	5	6	7	8	9	10	11	12

식물명	고사리잎황금톱풀
학 명	*Achillea filipendulina* Lam. 'Gold Plate'
영 명	Fernleaf Yarrow
생활형	다년초
개화기	7~10월
화 색	황색
초장, 초폭	60~100cm, 45cm
용 도	지피용, 허브가든, 식용(어린잎), Border Plants
번식방법	종자(봄), 분주(봄)

생육적온	16~30℃
내한성	−15℃
광 요구도	양지
수분 요구도	적음
관리포인트	내건성식물 배수가 잘되는 토양 번식력이 왕성하므로 주의(지하경이 mat 형성) 질소질 비료 공급 시 지나치게 생장하므로 피할 것 수명이 다 된 꽃 제거 시 개화기 연장
비 고	잘게 갈라진 잎과 털이 특징

1	2	3	4	5	6	7	8	9	10	11	12

식물명	서양톱풀
학 명	*Achillea millefolium* L.
영 명	Yarrow, Common Yarrow
별 명	야로우
생활형	다년초
개화기	7~10월
화 색	흰색, 적색, 보라, 분홍, 황색 등 다양한 품종이 있음
초장, 초폭	10~100cm, 60cm
용 도	지피용, 허브가든, 식용(어린잎), Border Plants
번식방법	종자(봄), 분주(봄)
생육적온	16~30℃
내한성	−15℃
광 요구도	양지
수분 요구도	내건성식물
관리포인트	번식력이 왕성하므로 주의(지하경이 mat 형성) 질소질 비료 공급 시 지나치게 생장하므로 피할 것 수명이 다 된 꽃 제거 시 개화기 연장
비 고	종자 결실 시에 제거할 것(2~3년 후 화색이 사라짐)

05. 국화과(Asteraceae)

1	2	3	4	5	6	7	8	9	10	11	12

식물명	아게라툼
학 명	*Ageratum houstonianum* Mill
영 명	Floss Flower, Ageratum, Mexican Ageratum
별 명	풀솜꽃
생활형	춘파 일년초
개화기	6~10월
화 색	흰색, 분홍색, 보라색
초장, 초폭	15~20cm, 15~30cm
용 도	분화용, 화단용, 경관식재, 컨테이너용
번식방법	종자(18~25℃, 1~3주)
생육적온	23~27℃
내한성	−5℃
광 요구도	양지
수분 요구도	보통 관수
관리포인트	여름철 장마, 습해에 약함 건조 시 활력과 개화 기간이 감소 규칙적으로 시든 꽃 제거
비 고	화색이 오래감

1	2	3	4	5	6	7	8	9	10	11	12

식물명	일본국화
학 명	*Ajania pacifica* (Nakai) K.Bremer & Humphries (*Chrysanthemum pacificum* Nakai).
영 명	Nippon Chrysanthemum
별 명	갯국, 중동국화
생활형	반노지 다년초
개화기	10~11월
화 색	황색
초장, 초폭	30~40cm, 90cm
용 도	분화용, 화단용, 전통정원, 스몰가든, 암석원
번식방법	종자, 삽목, 분주
생육적온	16~25℃
내한성	−15℃
광 요구도	양지
수분 요구도	보통 관수
비 고	잎에 백색 테두리가 있어 관상가치 높음

05. 국화과(Asteraceae)

1	2	3	4	5	6	7	8	9	10	11	12

식물명	다이어즈캐모마일
학 명	*Anthemis tinctoria* L.
영 명	Dyer's Chamomile, Yellow Chamomile
별 명	황금캐모마일, 틴크토리아개꽃아재비
생활형	다년초(단명성)
개화기	6~9월
화 색	황색, 레몬색, 흰색
초장, 초폭	60~90cm, 60~90cm
용 도	허브가든, 화단용, 암석원
번식방법	종자(20℃, 2주), 분주, 삽목
생육적온	13~25℃
내한성	−15℃
광 요구도	양지
수분 요구도	보통 관수
관리포인트	배수가 좋은 토양 중성−약알칼리 토양 가을에 지상부를 제거하여 로젯트 형성을 도움
비 고	벌과 나비를 끌어들임

1	2	3	4	5	6	7	8	9	10	11	12

식물명	마가렛데이지
학 명	*Argyranthemum frutescens* L. (*Chrysanthemum frutescens* L.)
영 명	Marguerite, Paris Daisy
별 명	나무쑥갓
생활형	다년초(반노지)
개화기	3~5월
화 색	흰색, 적색, 분홍색, 황색
초장, 초폭	30cm(원산지 1m), 60~80cm
용 도	화분용, 절화용, 화단용
번식방법	삽목(가을, 5℃ 월동시킴)
생육적온	10~21℃
내한성	0℃
광 요구도	양지
수분 요구도	보통 관수
관리포인트	따뜻한 지역에서는 번식력이 왕성하므로 혼합 식재 시 고려 고온다습 시에 반휴면 상태에 들어감
비 고	다양한 품종이 있으며 샤스타데이지에 비해 잎이 쑥갓처럼 갈라짐

05. 국화과(Asteraceae)

1	2	3	4	5	6	7	8	9	10	11	12

식물명	무늬쑥
학 명	*Artemisia princeps* var. *asiatica* 'Variegata'
영 명	Variegated Wormwood
생활형	다년초
개화기	8~10월
화 색	황색
초장, 초폭	16~30cm
용 도	색채화단, 지피용, 암석원, 고산정원
번식방법	삽목, 분주
생육적온	16~30℃
내한성	−15℃
광 요구도	양지
수분 요구도	보통 관수
관리포인트	고온 다습에 지상부가 고사하면 잘라줌
비 고	쑥과 달리 잎에 황색반점 무늬가 있음

1	2	3	4	5	6	7	8	9	10	11	12

식물명	은빛쑥
학 명	*Artemisia schmiditiana* Maxim. 'Silver Mound'
영 명	Wormwood, Mugwort
별 명	은쑥
생활형	다년초
번식방법	삽목, 분주
개화기	8~10월
화 색	황색
초장, 초폭	16~60cm, 45cm
용 도	색채화단, 지피용, 암석원, 고산정원
생육적온	16~30℃
내한성	−15℃
광 요구도	양지
수분 요구도	적음
관리포인트	고온 다습에 지상부가 고사하면 잘라줌
비 고	흰색의 잎을 관상

05. 국화과(Asteraceae)

1	2	3	4	5	6	7	8	9	10	11	12

식물명	은쑥
학 명	*Artemisia stelleriana* Besser.
영 명	Beach Wormwood, Old Woman, Dusty Miller
별 명	은빛쑥
생활형	다년초
개화기	8~10월
화 색	황색
초장, 초폭	15cm, 30~45cm
용 도	색채화단, 지피용, 암석원, 고산정원
번식방법	삽목, 분주
생육적온	16~30℃
내한성	−15℃
광 요구도	양지
수분 요구도	적음
관리포인트	고온 다습에 지상부가 고사하면 잘라줌
비 고	흰색의 잎을 관상

1	2	3	4	5	6	7	8	9	10	11	12

식물명	벌개미취
학 명	*Aster koraiensis* Nakai (*Gymnaster koraiensis*).
영 명	Korean Daisy
별 명	벌개미취, 고려쑥부쟁이
생활형	다년초
개화기	6~8월
화 색	보라색
초장, 초폭	40~60cm, 40~60cm
용 도	절화용, 지피용
번식방법	종자(25℃), 근경삽, 분주
생육적온	16~30℃
내한성	−20℃
광 요구도	양지
수분 요구도	충분 관수
관리포인트	다소 습한 토양에서 잘 자람
비 고	한국의 특산식물 근경 번식력이 우수하여 지피 효과가 뛰어남 타작물과 혼합 식재가 어려움

05. 국화과(Asteraceae)

1	2	3	4	5	6	7	8	9	10	11	12

식물명	좀개미취	번식방법	종자, 삽목
학 명	*Aster maackii* Regel.	생육적온	16~30℃
생활형	다년초	내한성	−15℃
개화기	8~10월	광 요구도	양지
화 색	자주색	수분 요구도	충분 관수
초장, 초폭	꽃(45~85cm)	관리포인트	다소 습한 토양에서 잘 자람
용 도	화단용, 지피용	비 고	오대산 이북 산지 자생 (희귀식물) 꽃과 잎이 벌개미취에 비해 작고 풍성함

1	2	3	4	5	6	7	8	9	10	11	12

식물명	왕갯쑥부쟁이	용 도	화단용
학 명	*Aster magnus* Y.N.Lee & C.S.Kim.	번식방법	종자
		생육적온	16~30℃
생활형	이년초	광 요구도	양지
개화기	8~10월	수분 요구도	보통관수
화 색	분홍색, 자주색	관리포인트	지상부가 고사하면 제거할 것
초장, 초폭	70cm ~ 2m	비 고	제주도 남쪽 해안가에서 발견됨

05. 국화과(Asteraceae)

1	2	3	4	5	6	7	8	9	10	11	12

식물명	뉴잉글랜드 아스터
학 명	*Aster novae-angliae* L.
영 명	New England Aster, Hardy Aster
생활형	다년초
개화기	8~10월
화 색	흰색, 분홍, 보라, 청색, 적색, 황색 등 다양함
초장, 초폭	꽃(90~120cm)
용 도	절화용, 화단용, 암석원, 경관식재
번식방법	종자, 분주, 삽목
생육적온	15~25℃
내한성	-15℃
광 요구도	양지, 반음지
수분 요구도	보통
관리포인트	밀식되지 않도록 수 년마다 분주 고온다습기에는 윗부분을 잘라주는 것이 좋음 가을 지상부 제거 후 유기물을 충분히 녹병발생이 많음
비 고	건조에도 강함

1	2	3	4	5	6	7	8	9	10	11	12

식물명	우선국
학 명	*Aster novi-belgii* L.
영 명	Michaelmas Daisy, New-York Aster
별 명	뉴욕아스터
생활형	다년초
개화기	8~10월
화 색	흰색, 분홍, 보라, 청색, 적색, 황색 등 다양함
초장, 초폭	90~120cm, 45~90cm
용 도	절화용, 화단용, 경관식재
번식방법	종자, 분주, 삽목
생육적온	15~25℃
내한성	-15℃
광 요구도	양지
수분 요구도	보통
관리포인트	과습되지 않도록 주의 밀식되지 않도록 수 년마다 분주 고온 다습기에는 윗부분을 잘라주면 좋음

05. 국화과(Asteraceae)

1	2	3	4	5	6	7	8	9	10	11	12

식물명	참취
학 명	*Aster scaber* Thunb.
별 명	취나물, 나물채, 암취, 백운초, 백산초
생활형	다년초
개화기	8~10월
화 색	흰색
초장, 초폭	1~1.5m
용 도	식용, 화단용
번식방법	실생, 분주
생육적온	16~30℃
내한성	−15℃
광 요구도	양지, 반음지
수분 요구도	보통
관리포인트	개화 시 키가 커서 쓰러지므로 지주대 설치 필요

1	2	3	4	5	6	7	8	9	10	11	12

식물명	해국
학 명	*Aster sphathulifolius* Maxim.
별 명	왕해국, 흰해국
생활형	다년초
개화기	7~11월
화 색	분홍색, 자주색
초장, 초폭	30~60cm, 30~60cm
용 도	화단용, 암석원
번식방법	종자, 분주
생육적온	16~30℃
내한성	−15℃
광 요구도	양지
수분 요구도	적음
비 고	제주도 및 전국 바닷가 절벽 자생

05. 국화과(Asteraceae)

1	2	3	4	5	6	7	8	9	10	11	12

Aster tataricus

식물명	꽃개미취
학　명	*Aster tataricus* L.
영　명	Tatarian Aster
별　명	자원, 미역취
생활형	다년초
개화기	8~10월
화　색	보라색
초장, 초폭	1~2m, 30~45cm
용　도	화단용, Woodland Garden, 습지원
번식방법	종자, 분주
생육적온	16~30℃
내한성	-15℃
광 요구도	양지, 반그늘
수분 요구도	많음
관리포인트	건조에도 강함 줄기가 강건하여 잘 쓰러지지 않음
비　고	*A. tartaricus* var. *floribundus* 꽃개미취

1	2	3	4	5	6	7	8	9	10	11	12

식물명	사계국화
학　명	*Aster trinervius* ssp. *ageratoides* var. *microcephalus* (Miq.) Mak.
별　명	사계소국, 이쁜이국화
생활형	다년초
개화기	9~10월(연중)
화　색	청색, 보라색
초장, 초폭	40cm, 20cm
용　도	분화용, 화단용, 컨테이너용
번식방법	삽목, 분주
생육적온	16~30℃
내한성	-5℃
광 요구도	양지
수분 요구도	보통
관리포인트	음지에서는 키가 커져 관상가치 떨어짐
비　고	실내에서는 연중 꽃이 계속 피고 지어 관상 가치가 높음

05. 국화과(Asteraceae)

1	2	3	4	5	6	7	8	9	10	11	12

식물명	무늬쑥부쟁이
학 명	*Aster yomena.* 'Shogun' (*Kalimeris yomena*)
영 명	Variegated Japanese Aster
별 명	무늬까실쑥부쟁이
생활형	다년초
개화기	8~10월
화 색	홍자색, 보라색
초장, 초폭	45~70cm, 30~45cm
용 도	Woodland Garden, 지피용, 암석원
번식방법	종자(20℃, 2주), 분주, 삽목
생육적온	16~30℃
내한성	−15℃
광 요구도	양지, 반음지
수분 요구도	많음
비 고	무늬가 있는 잎과 꽃을 관상

1	2	3	4	5	6	7	8	9	10	11	12

식물명	삽주	용 도	식용, 약용, 화단용, Woodland Garden
학 명	*Atractylodes ovata* (Thunb.) DC. (*A. japonica*)	번식방법	종자, 분주
		생육적온	15~25℃
별 명	창출	내한성	−15℃
생활형	다년초	광 요구도	반음지, 양지
개화기	7~9월	수분 요구도	보통
화 색	백색, 홍색	비 고	암수딴그루
초장, 초폭	30~100cm		

05. 국화과(Asteraceae)

1	2	3	4	5	6	7	8	9	10	11	12

식물명	데이지
학 명	*Bellis perennis* L.
영 명	True Daisy, English Daisy, Lawn Daisy
별 명	잉글리쉬데이지, 애기국화
생활형	일년초
개화기	4~5월
화 색	흰색, 분홍색, 보라색, 적색
초장, 초폭	10~20cm, 10cm
용 도	화단용, 분화용, Container, 암석원
번식방법	종자(10~20℃, 이른봄, 초여름)
생육적온	10~21℃
내한성	5℃
광 요구도	양지
수분 요구도	보통관수
관리포인트	시든 꽃 제거하여 개화기 연장 고온 다습에 약함
비 고	원산지에서는 숙근초 많은 원예 품종이 있음

1	2	3	4	5	6	7	8	9	10	11	12

식물명	비덴스 페룰리폴리아	초장, 초폭	30cm
학 명	*Bidens ferulifolia* (Jacq.) DC.	용 도	화단용, 분화용, Container, 걸이 화분
영 명	Beggarticks, Bur-Marigolds, Stickseeds, Tickseeds, Tickseed Sunflowers	번식방법	종자(13~18℃)
생활형	일년초	생육적온	16~30℃
개화기	8~10월	내한성	-5℃
화 색	황색	광 요구도	양지
		수분 요구도	보통 관수
		비 고	꽃의 향기가 좋음

05. 국화과(Asteraceae)

1	2	3	4	5	6	7	8	9	10	11	12

식물명	사계코스모스
학 명	*Brachyscome iberidifolia* Benth. (*Brachycome iberidifolia*)
영 명	Swan River Daisy
별 명	브라키코메, 애기코스모스
생활형	일년초
개화기	5~8월(지속적으로 핌)
화 색	청색, 분홍색, 적색, 흰색, 황색 등 다양
초장, 초폭	30~45cm, 35cm
용 도	화단용, Container, 걸이 화분
번식방법	종자(18℃)
생육적온	15~25℃
내한성	0℃
광 요구도	양지
수분 요구도	건조에 강함
관리포인트	무성해지기 쉬우므로 적심으로 초장 조절
비 고	온실에서는 일년 내내 개화하는 단명 숙근초 향기가 좋음

1	2	3	4	5	6	7	8	9	10	11	12

식물명	금잔화
학 명	*Calendula officinalis* L.
영 명	Pot marigold, English Marigold
생활형	추파 일년초
개화기	3~5월
화 색	황색, 주황색, 적색
초장, 초폭	30~60cm, 25~40cm
용 도	화단용, 경재 식재, 컨테이너, 허브정원(식용꽃)
번식방법	종자(가을 또는 이른 봄, 겨울 −4℃ 이상 유지)
생육적온	10~21℃
내한성	0℃
광 요구도	양지
수분 요구도	보통
관리포인트	관상 가치와 개화기 연장을 위해 시든 꽃 제거 정아를 제거하여 측아 발달을 촉진
비 고	꽃에서 달콤한 향기와 약한 짠맛이 있음 어린이 정원에 적합

05. 국화과(Asteraceae)

1	2	3	4	5	6	7	8	9	10	11	12

식물명	과꽃
학 명	*Callistephus chinensis* (L.) Nees. (*Aster chinensis* L.)
영 명	China Aster
별 명	추금, 당국화, 추모란
생활형	춘파 일년초
개화기	7~9월
화 색	보라색, 남색, 청색, 적색, 백색
초장, 초폭	20~100cm(왜성-고성종), 15~22cm
용 도	화단용, 절화용, 분화용
번식방법	종자(봄, 15~20℃)
생육적온	23~30℃
광 요구도	양지, 반음지
수분 요구도	보통
관리포인트	시든 꽃 제거로 관상가치 향상과 개화기 연장 고성종은 지주를 세워줄 것 석회질이 있는 약알칼리성 토양 선호 연작은 피할 것 뿌리썩음병과 위조병에 약하므로 토양 소독
비 고	꽃의 형태, 크기가 다양함 서리 맞지 않는 온실에서는 개화기 연장됨

1	2	3	4	5	6	7	8	9	10	11	12

식물명	잇꽃
학 명	*Carthamus tinctorius* L.
영 명	Safflower, False Saffron
별 명	홍화
생활형	춘파 일년초
개화기	6~7월
화 색	주황색, 황색
초장, 초폭	1m, 30cm
용 도	절화용, 건조화, 염색용, 약용, 허브원, 암석원
번식방법	종자(10~15℃, 봄)
생육적온	16~30℃
내한성	−7℃(유식물)
광 요구도	양지
수분 요구도	보통, 건조에 강함(직근)
관리포인트	직근성으로 이식 싫어함 과습 시 병 발생이 높아짐
비 고	엉겅퀴와 유사한 잎과 꽃을 지님 노란색 꽃이 붉게 변하면서 시듦 내염성이 강한 식물

05. 국화과(Asteraceae)

1	2	3	4	5	6	7	8	9	10	11	12

식물명	수레국화
학 명	*Centaurea cyanus* L.
영 명	Bachelor's Buttons, Cornflower, Blue Button
별 명	물수레국화
생활형	일년초
개화기	5~6월(가을 파종 시), 6~7월(봄 파종 시)
화 색	청색, 자주색, 적색, 분홍색, 적색
초장, 초폭	30~90cm, 20cm
용 도	절화용, 화단용, Container, 경관식재용, 식용꽃
번식방법	종자(봄, 가을)
생육적온	15~25℃
광 요구도	양지
수분 요구도	보통
관리포인트	시든 꽃 제거로 개화기연장과 관상 가치 향상 척박한 토양을 선호함

1	2	3	4	5	6	7	8	9	10	11	12

식물명	센토레아 데알바타
학 명	*Centaurea dealbata* Willd. (*Centaurea hypoleuca*)
영 명	Persian Cornflower, Whitewash Cornflower, Kanpweed
별 명	페르시아 수레국화
생활형	다년초
개화기	6~7월
화 색	분홍색
초장, 초폭	45~75cm, 45~60cm
용 도	화단용, 암석원, 절화
번식방법	종자, 분주
생육적온	16~30℃
내한성	−15℃
광 요구도	양지, 반음지
수분 요구도	보통, 건조에도 강함
관리포인트	척박한 토양을 선호함 시든 꽃 제거로 개화기연장과 관상 가치 향상 개화 후 절단 시 재개화하는 경우도 있음
비 고	벌과 나비를 많이 끌어들임

05. 국화과(Asteraceae)

1	2	3	4	5	6	7	8	9	10	11	12

식물명	센토레아 마크로세팔라
학 명	*Centaurea macrocephala* Puschk. ex Willd.
영 명	Bighead Knapweed, Giant Knapweed, Yellow Hardhead
별 명	큰수레국화
생활형	다년초
개화기	7~8월
화 색	황색
초장, 초폭	1.5m, 60cm
용 도	화단용, 암석원, Cottage Garden, 절화
번식방법	종자(봄), 분주(봄, 가을)
생육적온	16~30℃
내한성	−15℃
광 요구도	양지, 반음지
수분 요구도	보통, 건조에도 강함
관리포인트	척박한 토양을 선호함 시든 꽃 제거로 개화기연장과 관상가치 향상 개화 후 절단 시 재 개화하는 경우도 있음 3~4년마다 분주
비 고	벌과 나비를 많이 끌어들임

1	2	3	4	5	6	7	8	9	10	11	12

식물명	국화
학 명	*Chrysanthemum morifolium* Ramat. (*Dendranthema x grandiflorum*)
영 명	Chrysanthemum, Garden Mum, Florist's Daisy
생활형	다년초
개화기	9~10월(연중 개화)
화 색	적색, 분홍색, 주황색, 황색, 녹색, 백색 등 다양
초장, 초폭	35~100cm, 45~60cm (품종에 따라 다양)
용 도	절화용, 분화용, 화단용, 장식용
번식방법	삽목, 분주, 종자
생육적온	10~23℃
내한성	−15℃
광 요구도	양지, 반음지
수분 요구도	보통
관리포인트	고온다습을 싫어함

05. 국화과(Asteraceae)

1	2	3	4	5	6	7	8	9	10	11	12

식물명	엉겅퀴
학 명	*Cirsium japonicum* var. *maackii* (Maxim.) Matsum.
영 명	Korean Thistle, Sea Thistle
생활형	다년초
개화기	6~8월
화 색	적색, 자주색
초장, 초폭	70~100cm, 45~60cm
용 도	절화용, 화단용, 허브원, 분식용
번식방법	분주, 종자(20℃, 2~8주)
생육적온	16~30℃
내한성	−15℃
광 요구도	양지
수분 요구도	보통
비 고	줄기와 잎에 가시가 많으므로 주의

1	2	3	4	5	6	7	8	9	10	11	12

식물명	고려엉겅퀴
학 명	*Cirsium setidens* (Dunn) Nakai.
별 명	곤드레, 도깨비엉겅퀴
생활형	다년초
개화기	7~10월
화 색	자주색
초장, 초폭	70~100cm, 45~60cm
용 도	절화용, 화단용, 허브원, 분식용, 산채식물원
번식방법	분주, 종자(20℃, 2~8주)
생육적온	16~30℃
내한성	−15℃
광 요구도	양지
수분 요구도	보통
관리포인트	개화 후 지상부 제거
비 고	한국의 특산 식물로 제주도와 전남 보길도 자생 가시엉겅퀴에 비해 총포가 길고 넓게 발달 곤드레나물로 알려짐

05. 국화과(Asteraceae)

1	2	3	4	5	6	7	8	9	10	11	12

식물명	옐로우 데이지
학 명	*Coleostephus myconis* (L.) Rchb.f. (*Chrysanthemum multicaule, C. myconis*)
영 명	Yellow Daisy
생활형	춘파 일년초
개화기	5~6월
화 색	황색
초장, 초폭	15~30cm, 15~22cm
용 도	화단용, 분화용, Container
번식방법	종자(봄)
생육적온	16~30℃
광 요구도	양지, 반음지
수분 요구도	보통
관리포인트	겨울에 온실 파종하여 봄에 개화시킴
비 고	피부 알러지가 있을 수 있으므로 취급 주의

1	2	3	4	5	6	7	8	9	10	11	12

식물명	코레이 등골나물
학 명	*Conoclinium coelestinum* 'Coray' (*Eupatorium coelestinum*)
영 명	Blue Mistflower, Hardy Ageratum
생활형	다년초
개화기	7~10월
화 색	자색, 분홍색
초장, 초폭	90cm, 90cm
용 도	습지원, Bog Garden, 화단용, 식용
번식방법	종자, 분주
생육적온	16~30℃
내한성	−15℃
광 요구도	양지, 반음지
수분 요구도	보통
비 고	풀솜 꽃을 닮은 꽃이 여름에서 가을까지 계속 개화

05. 국화과(Asteraceae)

1	2	3	4	5	6	7	8	9	10	11	12

식물명	큰금계국
학 명	*Coreopsis lanceolata* L.
영 명	Lanceleaf Tickseed
생활형	다년초
개화기	6~9월
화 색	황색
초장, 초폭	30~90cm, 45cm
용 도	화단용, 지피용, 경관식재, 경사지 식재
번식방법	종자, 분주

생육적온	16~30℃
내한성	−15℃
광 요구도	양지
수분 요구도	보통
관리포인트	시든 꽃 제거로 개화기 연장과 관상가치 향상 만개 2주 정도에 절단하면 가을 재개화됨 2~3년마다 분주 필요
비 고	생존력이 강하여 잡초화 가능성이 큼

1	2	3	4	5	6	7	8	9	10	11	12

식물명	로세아 금계국
학 명	*Coreopsis rosea* Nutt.
영 명	Threadleaf Coreopsis, Pink Tickseed
별 명	숙근코스모스
생활형	다년초
개화기	6~9월
화 색	적색, 분홍색, 주황색
초장, 초폭	45cm, 50cm
용 도	화단용, 지피용
번식방법	종자, 분주
생육적온	16~30℃
내한성	−15℃
광 요구도	양지
수분 요구도	보통
관리포인트	시든 꽃 제거로 개화기 연장과 관상가치 향상 만개 2주 정도에 절단하면 재개화됨 2~3년마다 분주 필요

05. 국화과(Asteraceae)

1	2	3	4	5	6	7	8	9	10	11	12

식물명	기생초
학 명	*Coreopsis tinctoria* Nutt.
영 명	Annual Coreopsis, Dyer's Tickseed, Nuttal Weed
별 명	기생꽃, 춘차국, 가는잎금계국, 애기금계국
생활형	춘파 일년초
개화기	7~10월
화 색	황색(설상화), 자갈색(통상화)
초장, 초폭	30~100cm, 45cm
용 도	화단용, 지피용, 암석원, 경관식재, 경사지 식재
번식방법	종자, 분주
생육적온	16~30℃
광 요구도	양지
수분 요구도	보통
관리포인트	시든 꽃 제거로 개화기 연장과 관상가치 향상 만개 2주 정도에 절단하면 가을 재개화됨 2~3년 마다 분주 필요
비 고	귀화식물

1	2	3	4	5	6	7	8	9	10	11	12

식물명	가는잎 금계국
학 명	*Coreopsis verticillata* L.
영 명	Whorled Tickseed, Threadleaf Coreopsis
별 명	숙근코스모스
생활형	다년초
개화기	6~9월
화 색	황색
초장, 초폭	30~90cm, 45cm
용 도	화단용, 지피용, 암석원
번식방법	분주
생육적온	16~30℃
내한성	−15℃
광 요구도	양지
수분 요구도	보통, 건조에 강함
관리포인트	시든 꽃 제거로 개화기 연장과 관상가치 향상 만개 2주 정도에 절단하면 가을 재개화됨 2~3년마다 분주 필요
비 고	생존력이 강하여 잡초화 가능성이 큼

05. 국화과(Asteraceae)

1	2	3	4	5	6	7	8	9	10	11	12

식물명	초콜렛코스모스
학 명	*Cosmos atrosanguineus* Stapf (*Bidens atrosanguinea*).
영 명	Chocolate Cosmos, Black cosmos
생활형	다년초(괴근)
개화기	6~9월
화 색	흑색, 적색, 갈색
초장, 초폭	40~60cm, 45cm
용 도	분화용, 화단용, 절화용
번식방법	분주(봄)
생육적온	16~30℃
내한성	5℃
광 요구도	양지
수분 요구도	보통
관리포인트	시든 꽃 제거로 개화기 연장과 관상 가치 향상 가을에 지상부를 5cm 정도 남기고 잘라줌 서리 맞지 않도록 괴근을 캐내거나 보온 필요함
비 고	멕시코 원산의 희귀종 꽃에서 초콜렛 향기가 남

1	2	3	4	5	6	7	8	9	10	11	12

식물명	코스모스
학 명	*Cosmos bipinnatus* Cav.
영 명	Common Cosmos
생활형	춘파 1년초
개화기	9~10월, 연중개화(사계성)
화 색	적색, 분홍색, 백색
초장, 초폭	2~3m, 45cm
용 도	화단용, 컨테이너용, 경계식재, 경관식재
번식방법	종자(20~25℃, 5~7일)
생육적온	16~30℃
광 요구도	양지
수분 요구도	보통, 내건성이 있음
관리포인트	비료 시용 시 웃자라는 경우가 많으므로 주의
비 고	대륜종, 왜성종, 사계성 품종이 있음

05. 국화과(Asteraceae)

1	2	3	4	5	6	7	8	9	10	11	12

식물명	노랑코스모스
학 명	*Cosmos sulphureus* Cav.
영 명	Klondike Cosmos, Sulphur Cosmos, Orange Cosmos, Yellow Cosmos
별 명	노란코스모스, 황색코스모스, 황화코스모스
생활형	춘파 일년초
개화기	6~9월(발아 후 50~60일 개화)
화 색	황색, 주황색
초장, 초폭	60~90cm, 22~30cm
용 도	화단용, 컨테이너용, 경계식재, 경관식재
번식방법	종자(23~25℃, 1~3주)
생육적온	16~30℃
광 요구도	양지
수분 요구도	보통, 내건성이 있음
관리포인트	비료 시용 시 웃자라는 경우가 많으므로 주의 시든 꽃 제거 시 개화기 연장
비 고	독성이 있으므로 식용금지

1	2	3	4	5	6	7	8	9	10	11	12

식물명	분홍민들레	용 도	화단용, 암석원, 분화용
학 명	*Crepis incana* Sibth. & Sm.	번식방법	종자, 근삽(측근 이용, 겨울)
영 명	Pink Dandellion, Pink Hawks Beard	생육적온	16~30℃
		내한성	-15℃
생활형	다년초	광 요구도	양지
개화기	7~8월	수분 요구도	보통
화 색	분홍색	비 고	직근성 식물
초장, 초폭	30~45cm, 15~20cm		

05. 국화과(Asteraceae)

1	2	3	4	5	6	7	8	9	10	11	12

식물명	아티초크	번식방법	종자(봄), 분주(봄, 3년), 근삽
학 명	*Cynara scolymus* L.	생육적온	16~30℃
영 명	Globe Artichoke	내한성	−5℃
생활형	다년초	광 요구도	양지
개화기	8~10월	수분 요구도	보통
화 색	보라색, 자주색	관리포인트	그늘에서는 생육이 불량 겨울철 보온을 필요로 함
초장, 초폭	2m, 1.2m		
용 도	허브원, 화단용, 절화용	비 고	식용 꽃

1	2	3	4	5	6	7	8	9	10	11	12

식물명	달리아	번식방법	종자(16℃, 봄) 분주(크라운을 붙여서 분구)
학 명	*Dahlia hybrida* Hort. Cv.	생육적온	16~30℃
영 명	Dahlia	내한성	5℃
생활형	춘식 구근(괴근)	광 요구도	양지
개화기	6~9월	수분 요구도	보통
화 색	황색, 백색, 적색, 주황색, 자주색, 분홍색, 청색, 흑색, 녹색	관리포인트	시든 꽃 제거로 개화기 연장과 관상가치 향상
초장, 초폭	1~1.8m, 60cm	비 고	홑꽃, 겹꽃, 수련꽃형, 아네모네형, 폼폰형, 볼형, 세미캑터스형, 캑터스형, 데코레이티브형, 오키드형, 페오니형 등 다양
용 도	분화용, 화단용, 컨테이너용, 경계식재, 경관식재용		

05. 국화과(Asteraceae)

1	2	3	4	5	6	7	8	9	10	11	12

식물명	산국
학 명	*Dendranthema boreale* (Makino) Ling ex Kitam.
별 명	황국, 들국화, 개국화
생활형	다년초
개화기	9~10월
화 색	황색
초장, 초폭	1~1.5m
용 도	화단용
번식방법	분주, 삽목, 종자
생육적온	16~30℃
내한성	−15℃
광 요구도	양지
수분 요구도	보통
관리포인트	내건성식물
비 고	감국과 유사하나 꽃이 작음

1	2	3	4	5	6	7	8	9	10	11	12

식물명	구절초
학 명	*Dendranthema zawadskii* var. *latilobum* (Maxim.) Kitam.
별 명	넓은잎구절초, 들국화, 낙동구절초, 서흥구절초
생활형	다년초
개화기	9~10월
화 색	백색, 분홍색
초장, 초폭	50~100cm, 45~60cm
용 도	암석원, 허브원, 지피용, 분경용, 경관식재용
번식방법	삽목, 분주, 종자
생육적온	16~30℃
내한성	−15℃
광 요구도	양지
수분 요구도	보통
관리포인트	비료 요구도가 적음, 비옥한 토양에서는 웃자람 개화 후 휴면기에 지상부를 잘라 줄 것
비 고	음력 9월 9일, 꽃과 줄기를 잘라 부인병 치료와 예방을 위한 약재로 썼다고 하여 구절초(九折草)라 부름

05. 국화과(Asteraceae)

1	2	3	4	5	6	7	8	9	10	11	12

식물명	아프리칸 데이지
학 명	*Dimorphoteca sinuata* DC. (*D. aurantiaca* Hort.)
영 명	African Daisy, Star of Veldt, Cape Marigold
별 명	데모루후세카
생활형	일년초(온실다년초)
개화기	7~8월(춘파), 4~6월(추파)
화 색	백색, 자주색, 주황색, 황색
초장, 초폭	20~50cm, 30cm
용 도	화단용, 분화용, 컨테이너, 걸이화분
번식방법	종자(18℃, 5~10일), 삽목(5~6월)
생육적온	16~23℃
내한성	−10℃
광 요구도	양지
수분 요구도	보통
관리포인트	종자가 발아할 때까지 건조시키면 안 됨 여름철 과습 시에 죽음 시든 꽃 제거로 개화기 연장
비 고	꽃이 해를 향하며 개화 기간이 매우 김

1	2	3	4	5	6	7	8	9	10	11	12

식물명	에키나세아
학 명	*Echinacea purpurea* (L.) Moench
영 명	Purple Coneflower, Eastern Purple Coneflower
별 명	자주 루드베키아
생활형	다년초
개화기	7~10월
화 색	적색, 분홍, 황색, 백색
초장, 초폭	1.2m, 50cm
용 도	화단용, 암석원, 경관식재용, 절화용, 허브원
번식방법	종자(25℃, 10~21일, 층적 저장 후 변온에서 촉진) 삽목(근삽-늦가을, 발근 촉진제사용) 분주(봄, 가을, 3~4년 주기)
생육적온	16~30℃
내한성	-20℃
광 요구도	양지, 약한 그늘
수분 요구도	보통
관리포인트	시든 꽃 제거로 관상가치 향상과 개화기 연장
비 고	새와 벌을 끌어들임

05. 국화과(Asteraceae)

1	2	3	4	5	6	7	8	9	10	11	12

식물명	푸른공꽃
학　명	*Echinops ritro* L.
영　명	Small Globe Thistle
생활형	다년초
개화기	7~8월
화　색	청색, 보라색
초장, 초폭	20~60cm, 20~60cm
용　도	화단용, 절화용, 건조화용
번식방법	종자(봄, 25℃, 3~9주), 분주(봄, 가을), 삽목(근삽)
생육적온	16~30℃
내한성	−15℃
광 요구도	양지
수분 요구도	적음
관리포인트	비옥한 토양에서는 웃자라므로 지주 설치

1	2	3	4	5	6	7	8	9	10	11	12

식물명	연지붓꽃	용 도	화단용, 암석원, 콘테이너, 절화용
학 명	*Emilia coccinea* (Sims) D.Don. (*E. flammea* Cass.)	번식방법	종자(13~18℃, 봄)
영 명	Flora's Paintbrush, Tassel Flower	생육적온	16~30℃
별 명	불꽃씀바귀	광 요구도	양지
생활형	춘파 일년초	수분 요구도	보통
개화기	6~10월	관리포인트	화단에 군식하면 아름다움 시든 꽃 제거로 개화기 연장과 관상가치 향상
화 색	적색, 황색, 주황색		
초장, 초폭	45~60cm, 30~60cm		

05. 국화과(Asteraceae)

1	2	3	4	5	6	7	8	9	10	11	12

식물명	골등골나물	용 도	습지원, Bog Garden, 화단용, 식용
학 명	*Eupatorium lindleyanum* DC.	번식방법	종자, 분주
생활형	다년초	생육적온	16~30℃
개화기	8~10월	내한성	-15℃
화 색	자색, 분홍색	광 요구도	양지
초장, 초폭	2m, 40~50cm	수분 요구도	많음

1	2	3	4	5	6	7	8	9	10	11	12

식물명	유리옵스 펙티나투스
학 명	*Euryops pectinatus* Cass.
영 명	Gray-Leaved Euryops, Golden Euryops, Golden Daisy Bush
생활형	상록 다년초(온실)
개화기	4~6월(연중)
화 색	황색
초장, 초폭	1m, 1m
용 도	분화용, 컨테이너용, 화단용
번식방법	종자(10~13℃), 삽목
생육적온	16~30℃
내한성	0℃
광 요구도	양지
수분 요구도	보통(생장 시에는 충분히, 겨울은 적게)
관리포인트	꽃이 시들면 가볍게 전정을 해줌 다습하면 부패함
비 고	백묘국과 유사함

05. 국화과(Asteraceae)

1	2	3	4	5	6	7	8	9	10	11	12

식물명	털머위
학 명	*Farfugium japonicum* (L.) Kitam. *Ligularia kaempferi.* (DC.)
영 명	Leopard Plant
별 명	말곰취
생활형	상록 다년초
개화기	9~10월
화 색	황색
초장, 초폭	30~50cm, 30~50cm
용 도	Woodland Garden, 지피용, 분화용, 컨테이너용
번식방법	종자, 분주
생육적온	10~21℃
내한성	1℃
광 요구도	반음지
수분 요구도	보통
관리포인트	공중 습도를 약간 다습하게 유지
비 고	*F. japonicum* 'Aureomaculatum' 점무늬털머위

1	2	3	4	5	6	7	8	9	10	11	12

식물명	블루데이지	용 도	분화용, 화단용, 컨테이너용, 암석원
학 명	*Felicia amelloides* (L.) Voss	번식방법	종자(10~18℃), 삽목(여름), 분주
영 명	Blue Daisy, Blue Marguerite	생육적온	13~25℃
별 명	청화국, 하늘국화, 페르시아	내한성	3~5℃
생활형	일년초(아관목)	광 요구도	양지
개화기	8~10월(춘파), 5~6월(추파)	수분 요구도	보통
화 색	청색, 백색	관리포인트	덥고 습한 여름을 싫어함
초장, 초폭	30~60cm, 30~60cm	비 고	봄부터 가을까지 지속적으로 개화

05. 국화과(Asteraceae)

1	2	3	4	5	6	7	8	9	10	11	12

식물명	가일라르디아 그란디플로라
학　명	*Gaillardia × grandiflora* Van Houtte [*G. aristata × G. pulchella*]
영　명	Blanket Flower,
별　명	천인국
생활형	단명성 다년초
개화기	6~9월
화　색	적색, 주황색, 황색
초장, 초폭	60~90cm, 30~60cm
용　도	화단용, 분화용, 경관식재용, cottage garden
번식방법	종자(13~18℃), 분주
생육적온	16~30℃
내한성	−15℃
광 요구도	양지
수분 요구도	보통
관리포인트	만개 후 줄기를 잘라주면 재개화 가능
비　고	개화기가 길어 많은 양분을 소모하여 수명이 짧음

1	2	3	4	5	6	7	8	9	10	11	12

식물명	가자니아
학 명	*Gazania hybrida* Hort.
영 명	Treasure Flower, Pied Daisy, African Daisy
별 명	훈장국화
생활형	춘파 일년초(상록다년초)
개화기	6~10월
화 색	적색, 분홍색, 주황색, 황색, 백색
초장, 초폭	15~30cm, 25cm
용 도	화단용, 분화용, 컨테이너용
번식방법	종자(18~20℃, 가을), 삽목(가을)
생육적온	10~21℃
내한성	10℃
광 요구도	양지
수분 요구도	보통
관리포인트	추위와 여름철 고온 다습에 약함 배수가 좋은 곳에서는 초여름부터 가을까지 개화 시든 꽃 제거와 개화기 연장
비 고	낮에만 피고 흐린 날과 비오는 날에는 피지 않음 봄 파종 시에는 포기가 크지 않은 상태에서 개화

05. 국화과(Asteraceae)

1	2	3	4	5	6	7	8	9	10	11	12

식물명	헬레니움
학 명	*Helenium hybridum*
영 명	Helen's Flower, Sneezeweed
생활형	다년초
개화기	7~10월
화 색	황색, 적색, 주황색
초장, 초폭	1.5m, 45cm
용 도	Bog Garden, Cottage Garden, 화단용, 절화용
번식방법	종자(봄), 분주(봄, 가을), 삽목
생육적온	16~30℃
내한성	−15℃
광 요구도	양지
수분 요구도	많음(건조에 약함)
관리포인트	시든 꽃을 제거하여 개화기 연장 웃자라면 6월 초 줄기를 잘라 주어 키를 조절 2~3년마다 포기 나누기 실시

1	2	3	4	5	6	7	8	9	10	11	12

식물명	좁은잎해바라기
학 명	*Helianthus angustifolius* L.
영 명	Swamp Sunflower, Narrow Leaf Sunflower
생활형	다년초
개화기	9~10월
화 색	황색
초장, 초폭	60~200cm, 40cm
용 도	습지원, 컨테이너용, 해안가 정원, 경관 식재용
번식방법	종자(봄), 분주(봄, 가을)
생육적온	16~30℃
내한성	−15℃
광 요구도	양지
수분 요구도	많음
관리포인트	그늘에서는 웃자라 쓰러지거나 꽃을 적게 피움
비 고	한 달 정도 개화함

05. 국화과(Asteraceae)

1	2	3	4	5	6	7	8	9	10	11	12

H. annus 'Teddy Bear'

식물명	해바라기
학 명	*Helianthus annus* L.
영 명	Sunflower
생활형	춘파일년초
개화기	8~10월
화 색	자주색, 황색, 분홍색, 적갈색 등 다양
초장, 초폭	1~3m, 60cm
용 도	화단용, 분화용, 경관식재용
번식방법	종자(16℃)
생육적온	16~30℃
광 요구도	양지
수분 요구도	보통
관리포인트	비료요구도가 높으므로 식재 전 퇴비 공급
비 고	꽃봉우리일 때 해를 따라 이동함 *H. annus* 'Teddy Bear' 겹꽃 왜성종

1	2	3	4	5	6	7	8	9	10	11	12

식물명	금불초
학 명	*Inula britannica* var. *japonica* (Thunb.) Franch. & Sav. (*I. b.* var. *chinensis*)
별 명	금전초, 들국화, 옷풀, 하국
생활형	다년초
개화기	7~9월
화 색	황색
초장, 초폭	60cm, 15~30cm
용 도	화단용, 지피용, 경관식재용, 절개지 복원용
번식방법	종자(가을, 건조저장 후 봄 파종), 삽목(봄), 분주
생육적온	16~30℃
내한성	−15℃
광 요구도	양지
수분 요구도	보통
관리포인트	보습성이 좋은 토양을 선호하나 내건성도 강함 비료 과용 시 식물체가 도장하므로 주의
비 고	지하포복경이 왕성하게 뻗으므로 근권제한

05. 국화과(Asteraceae)

1	2	3	4	5	6	7	8	9	10	11	12

식물명	좀씀바귀
학　명	*Ixeris stolonifera* A. Gray
별　명	둥근잎씀바기, 둥굴잎씀바귀, 고채, 만고과채
생활형	다년초
개화기	5~6월
화　색	황색
초장, 초폭	10cm, 10cm
용　도	화단용, 고산정원, 암석원, 지피정원, 식용, 약용

번식방법	종자, 분주(봄, 가을)
생육적온	16~25℃
내한성	−18℃
광 요구도	반음지, 양지
수분 요구도	적음
관리포인트	과습에 약함. 채종하려면 꽃대 유지해야 함
비　고	포복형으로 퍼지는 힘이 강하여 제거에 어려움을 겪을 수 있으므로 주의할 것

1	2	3	4	5	6	7	8	9	10	11	12

식물명	에델바이스
학 명	*Leontopodium alpinum* Cass.
영 명	Edelweiss
별 명	서양솜다리
생활형	다년초
개화기	5~6월
화 색	황색
초장, 초폭	15~30cm, 15~20cm
용 도	화단용, 고산정원, 암석원
번식방법	종자, 분주(봄, 가을)
생육적온	16~25℃
내한성	−18℃
광 요구도	양지
수분 요구도	적음
관리포인트	3~4년마다 분주해야 함 월동을 위하여 가을에 고사된 줄기 제거
비 고	alpinum, 알프스 산이라는 뜻

05. 국화과(Asteraceae)

1	2	3	4	5	6	7	8	9	10	11	12

식물명	멜람포디움
학 명	*Leucanthemum (Melampodium) paludosum* H.B. & K. Nov.
영 명	Melampodium
생활형	일년초
개화기	6~10월
화 색	황색
초장, 초폭	40cm, 60cm
용 도	화단용, 컨테이너용
번식방법	종자(봄, 20~25℃)
생육적온	16~25℃
내한성	5℃ 이상
광 요구도	양지
수분 요구도	보통
관리포인트	관상가치와 개화기 연장을 위해 시든 꽃 제거
비 고	봄부터 가을까지 지속적으로 개화함

1	2	3	4	5	6	7	8	9	10	11	12

식물명	옥스아이데이지
학　명	*Leucanthemum vulgare* Lam.
영　명	Ox-eye Daisy, Moon Daisy
생활형	다년초
개화기	4~6월
화　색	백색
초장, 초폭	80cm, 40cm
용　도	화단용, 컨테이너, 절화용
번식방법	종자, 삽목, 분주(봄, 가을)
생육적온	16~30℃
내한성	-18℃
광 요구도	양지
수분 요구도	보통
관리포인트	3~4년마다 분주해야 함 월동을 위하여 가을에 다 진 꽃대 제거 배수가 잘된 토양

05. 국화과(Asteraceae)

1	2	3	4	5	6	7	8	9	10	11	12

식물명	불란서국화
학 명	*Leucanthemum x superbum.* 'North Pole' (*L. burbankii*)
별 명	노스폴데이지
생활형	일년초
개화기	4~6월
화 색	백색
초장, 초폭	60cm, 30cm
용 도	화단용, 컨테이너, 절화용
번식방법	종자, 삽목, 분주
생육적온	15~25℃
내한성	5℃
광 요구도	양지
수분 요구도	보통
관리포인트	만개 2주 정도에 시든 꽃 제거로 개화기 연장과 관상가치 향상
비 고	꽃잎 끝이 움푹 패임

1	2	3	4	5	6	7	8	9	10	11	12

식물명	샤스타데이지
학 명	*Leucanthemum* x *superbum* (Bergmans ex J.W.Ingram) D.H.Kent
영 명	Shasta Daisy, Max Chrysanthemum, Daisy Chrysanthemum
별 명	여름구절초, 샤스타국화
생활형	다년초
개화기	6~7월
화 색	백색
초장, 초폭	90cm, 60cm
용 도	정원용, 화단용, 컨테이너, 절화용, 경사면 녹화
번식방법	꽃 종자, 삽목, 분주
생육적온	15~25℃
내한성	−18℃
광 요구도	양지
수분 요구도	보통
관리포인트	3~4년마다 분주해야 함 가을에 고사지 제거 배수가 잘된 토양
비 고	만개 2주 정도에 시든 꽃 제거로 개화기 연장과 관상가치 향상

05. 국화과(Asteraceae)

1	2	3	4	5	6	7	8	9	10	11	12

식물명	리아트리스
학 명	*Liatris spicata* (L.) Willd.
영 명	Dense Blazing Star, Prairie Gay Feather
생활형	구근성 다년초
개화기	6~9월
화 색	분홍색
초장, 초폭	1m, 40cm
용 도	화단용, 절화용

번식방법	종자(봄), 분구(봄, 가을)
생육적온	16~25℃
내한성	−18℃
광 요구도	양지
수분 요구도	적음
관리포인트	과습에 약함. 3~4년마다 분구해야 함 월동을 위하여 가을에 고사지 제거 늦은 가을에 종자를 정선하여 그늘에 보관하거나 냉장 저장 후 다음 해 봄에 파종함

1	2	3	4	5	6	7	8	9	10	11	12

식물명	표범곰취
학 명	*Ligularia dentata* 'Othello'
영 명	Leopard Plant, The Rocket, Ragwort, Fainting Plant, Parsley Ligularia, Big Leaf Ligularia, Shavalski's Ligularia
별 명	표범의 풀
생활형	다년초
개화기	7~8월
화 색	황색

초장, 초폭	60cm, 40cm
용 도	화단용, 고산정원, 암석원
번식방법	종자, 분주(봄, 가을)
생육적온	16~25℃
내한성	−18℃
광 요구도	반음지, 양지
수분 요구도	보통
관리포인트	과습에 약함 3~4년마다 분주해야 함 월동을 위하여 가을에 고사지 제거

05. 국화과(Asteraceae)

1	2	3	4	5	6	7	8	9	10	11	12

식물명	곰취
학 명	*Ligularia fischeri* (Ledeb.) Turcz.
영 명	Fischer Ligularia
별 명	왕곰취, 곤대슬이, 공초, 꼼치, 곰추, 곤달비, 큰곰취
생활형	다년초
개화기	7~9월
화 색	황색
초장, 초폭	80cm, 40cm
용 도	고산정원, 산채식물원, 식용, 약용
번식방법	종자, 분주(봄, 가을)
생육적온	16~25℃
내한성	−18℃
광 요구도	반음지, 양지
수분 요구도	보통
관리포인트	과습에 약함 3~4년마다 분주해야 함 월동을 위하여 가을에 고사지 제거
비 고	약명: 호로칠(胡蘆七)

1	2	3	4	5	6	7	8	9	10	11	12

식물명	어리곤달비
학 명	*Ligularia intermedia* Nakai
영 명	Narrowbract Goldenray
별 명	어리곰취
생활형	다년초
개화기	7~8월
화 색	황색
초장, 초폭	80cm, 40cm
용 도	화단용, 고산정원, 산채식물원, 식용, 약용

번식방법	종자, 분주(봄, 가을)
생육적온	16~25℃
내한성	−18℃
광 요구도	반음지, 양지
수분 요구도	보통
관리포인트	과습에 약함 3~4년마다 분주해야 함 월동을 위하여 가을에 고사지 제거

05. 국화과(Asteraceae)

1	2	3	4	5	6	7	8	9	10	11	12

식물명	갯취
학　명	*Ligularia taquetii* (H. Lev. & Vaniot) Nakai
별　명	갯곰취, 섬곰취
생활형	다년초
개화기	6~7월
화　색	황색
초장, 초폭	1m, 40cm
용　도	화단용
번식방법	파종(9월에 채취한 종자를 곧바로 파종, 이듬해 봄 발아), 분주(봄, 가을)
생육적온	16~25℃
내한성	−18℃
광 요구도	반음지, 양지
수분 요구도	보통
관리포인트	비옥한 토양이 좋음 3~4년마다 분주해야 함 월동을 위하여 가을에 고사지 제거
비　고	특산식물, 취약종

1	2	3	4	5	6	7	8	9	10	11	12

식물명	저먼캐모마일
학 명	*Matricaria recutita* L.
영 명	German Chamomile, Sweet False Chamomile
별 명	블루캐모마일
생활형	일년초 또는 이년초
개화기	3~6월
화 색	백색
초장, 초폭	20cm, 40cm
용 도	화단용, 절화용, 허브원, 식용, 약용
번식방법	종자, 분주(봄, 가을)
생육적온	10~20℃
내한성	−18℃
광 요구도	양지
수분 요구도	보통
관리포인트	만개 2주 정도에 시든 꽃 제거로 개화기 연장과 관상가치 향상 배수가 잘된 토양
비 고	다년초인 로만캐모마일에 비해 꽃이 작고 꽃에서만 사과향이 남

05. 국화과(Asteraceae)

1	2	3	4	5	6	7	8	9	10	11	12

식물명	오스테오스페르뭄	용 도	화단용, 분화용, 절화용
학 명	*Osteospermum hybridum* Hort. cv.	번식방법	삽목, 분주(봄, 가을)
영 명	Osteospermum, Cape Daisy	생육적온	16~30℃
생활형	다년초	내한성	5℃
개화기	4~9월	광 요구도	양지
화 색	분홍색, 남색, 주황색 등 다양한 색	수분 요구도	보통(내건성식물)
초장, 초폭	40cm, 40cm	관리포인트	배수가 잘 되는 토양 관상가치와 개화기 연장을 위해 시든 꽃 제거
		비 고	많은 원예품종이 있음

1	2	3	4	5	6	7	8	9	10	11	12

식물명	시네라리아
학 명	*Pericallis, hybrida* B. Nord. (*Senecio cruentes*)
영 명	Cineraria
생활형	추파 이년초
개화기	3~5월
화 색	백색, 분홍색, 적색 등 다양한 색
초장, 초폭	40cm, 40cm
용 도	분화용, 화단용
번식방법	종자(가을)
생육적온	16~25℃
내한성	5℃
광 요구도	양지
수분 요구도	보통
관리포인트	관상가치와 개화기 연장을 위해 시든 꽃 제거 약간 다습하게 함
비 고	많은 원예품종이 있음

05. 국화과(Asteraceae)

1	2	3	4	5	6	7	8	9	10	11	12

식물명	머위	번식방법	분주(봄, 가을)
학 명	*Petasites japonicus* (Siebold & Zucc.) Maxim.	생육적온	16~30℃
영 명	Fuki	내한성	15℃
별 명	머구	광 요구도	반음지
생활형	다년초	수분 요구도	많음
개화기	4월	관리포인트	습지에서 잘 자람 월동을 위하여 가을에 시든 지상부 제거 3~4년마다 분주해야 함
화 색	백색	비 고	먼저 꽃이 핀 후 잎이 나옴
초장, 초폭	80cm, 60cm		
용 도	산채식물원, 지피식물원, 식용, 약용		

1	2	3	4	5	6	7	8	9	10	11	12

식물명	일본머위
학 명	*Petasites japonicus* var. *giganteus* (Siebold & Zucc.) Maxim.
영 명	Fuki, Giant Japanese Butterbur, Sweet Coltsfoot
별 명	일본머구
생활형	다년초
개화기	4월
화 색	백색
초장, 초폭	2m, 1m
용 도	식용식물원, 지피식물원, 식용, 약용
번식방법	분주(봄, 가을)
생육적온	16~25℃
내한성	−15℃
광 요구도	반음지
수분 요구도	많음
관리포인트	습지에서 잘 자람 월동을 위하여 가을에 시든 지상부 제거 3~4년마다 분주해야 함
비 고	머위에 비해 매우 큼

05. 국화과(Asteraceae)

1	2	3	4	5	6	7	8	9	10	11	12

식물명	알프스민들레
학 명	*Pillosella officinale* (*Hieracium pilosella* L.)
영 명	Mouse-Ear Hawkweed, Blood of St John, Felon Herb, Fellon Herb, Mouse Ear
별 명	알프스국화
생활형	다년초
개화기	5~6월
화 색	황색
초장, 초폭	20cm, 20cm
용 도	화단용, 지피용, 암석원
번식방법	종자, 분주(봄, 가을)
생육적온	16~30℃
내한성	-15℃
광 요구도	양지
수분 요구도	적음
관리포인트	번식력이 우수하여 잡초화 가능성이 높음

1	2	3	4	5	6	7	8	9	10	11	12

식물명	골든볼
학 명	*Pycnosorus globosus* (F.Muell.) Benth. (*Craspedia globosa*)
영 명	Drum Stick, Bachelors Button
별 명	드럼스틱
생활형	다년초
개화기	6~8월
화 색	황색
초장, 초폭	60~90cm, 12~40cm
용 도	화단용, 화분용, 지피식물원, 절화용, 드라이플라워용
번식방법	종자(13~18℃), 분주(봄, 가을)
생육적온	15~25℃
내한성	−15℃
광 요구도	양지
수분 요구도	많음
관리포인트	배수와 환기가 잘되도록 함 월동을 위하여 가을에 시든 꽃대를 잘라줌 3~4년마다 분주해야 함

05. 국화과(Asteraceae)

1	2	3	4	5	6	7	8	9	10	11	12

식물명	뻐꾹채
학 명	*Rhaponticum uniflorum* (L.) DC.
영 명	Uniflower Swisscen-Taury
별 명	뻑국채
생활형	다년초
개화기	5~9월
화 색	분홍색
초장, 초폭	70cm, 30cm
용 도	화단용, 화분용, 절화용, 식용, 약용, 지피식물원
번식방법	종자, 분주(봄, 가을)
생육적온	16~30℃
내한성	−18℃
광 요구도	양지
수분 요구도	보통
관리포인트	월동을 위하여 가을에 시든 꽃대 제거해야 함 3~4년마다 분주해야 함
비 고	멸종위기식물

1	2	3	4	5	6	7	8	9	10	11	12

식물명	종이꽃
학 명	*Rhodanthe anthemoides* (Sieber ex Spreng.) Paul G.Wilson
영 명	Popcorn Plant, Chamomile Sunray
별 명	로단세
생활형	일년초
개화기	11~5월
화 색	백색
초장, 초폭	1m, 30cm
용 도	화단용, 화분용, 꽃꽂이용, 지피식물원, 건조식물원
번식방법	종자
생육적온	16~25℃
내한성	5℃
광 요구도	양지
수분 요구도	적음
관리포인트	건조하게 관수

05. 국화과(Asteraceae)

1	2	3	4	5	6	7	8	9	10	11	12

식물명	로단세
학 명	*Rhodanthe chlorocephala* ssp. *rosea* (Hook.) Paul G.Wilson
영 명	Helipterum, Everlasting, Rodanthe
생활형	일년초
개화기	4~6월
화 색	분홍색
초장, 초폭	70cm, 30cm
용 도	화단용, 화분용, 꽃꽂이용, 건조식물원, 지피식물원
번식방법	종자
생육적온	16~25℃
내한성	5℃
광 요구도	양지
수분 요구도	적음
관리포인트	건조하게 관수

1	2	3	4	5	6	7	8	9	10	11	12

식물명	로단세 망글레시
학 명	*Rhodanthe manglesii* Lindl.
영 명	Straw Flower, Swan River Everlasting
생활형	일년초
개화기	4~6월
화 색	백색, 분홍색, 적색

초장, 초폭	70cm, 30cm
용 도	화단용, 꽃꽂이용, 지피식물원, 건조식물원
번식방법	종자
생육적온	16~25℃
내한성	5℃
광 요구도	양지
수분 요구도	적음
관리포인트	건조하게 관수

05. 국화과(Asteraceae)

1	2	3	4	5	6	7	8	9	10	11	12

식물명	루드베키아 풀기다
학 명	*Rudbeckia fulgida* var. *deamii* (Blake) Perdue
영 명	Deam's Coneflower
생활형	다년초
개화기	7~9월
화 색	황색
초장, 초폭	80cm, 40cm
용 도	화단용
번식방법	종자, 분주(봄, 가을)
생육적온	16~30℃
내한성	−18℃
광 요구도	양지
수분 요구도	보통(건조에 강함)
관리포인트	월동을 위하여 가을에 시든 꽃대를 잘라줌 3~4년마다 분주해야 함

1	2	3	4	5	6	7	8	9	10	11	12

식물명	수잔루드베키아	번식방법	종자, 분주(봄, 가을)
학 명	*Rudbeckia hirta* L.	생육적온	16~30℃
영 명	Black-Eyed Susan	내한성	-15℃
생활형	일년초	광 요구도	양지
개화기	7~9월	수분 요구도	보통(건조에 강함)
화 색	황색	관리포인트	3~4년마다 분주해야 함
초장, 초폭	80cm, 40cm		
용 도	화단용		

05. 국화과(Asteraceae)

1	2	3	4	5	6	7	8	9	10	11	12

식물명	삼잎국화
학 명	*Rudbeckia laciniata* L.
영 명	Cutleaf, Cutleaf Coneflower, Goldenglow, Green-Headed Coneflower, Tall Coneflower, Thimbleweed
별 명	세잎국화, 원추천인국, 양노랭이, 키다리노랑꽃
생활형	다년초
개화기	7~9월
화 색	황색
초장, 초폭	1m, 40cm
용 도	화단용
번식방법	종자, 분주(봄, 가을)
생육적온	16~30℃
내한성	-15℃
광 요구도	양지
수분 요구도	보통
관리포인트	배수가 잘되는 토양 월동을 위하여 가을에 시든 꽃대를 잘라줌 3~4년마다 분주해야 함
비 고	laciniata는 '잘게 갈라진' 이라는 뜻임 *R. laciniata* var. *hortensis* 겹꽃삼잎국화

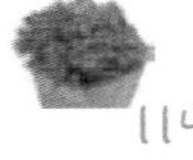

1	2	3	4	5	6	7	8	9	10	11	12

식물명	코튼 라벤더
학 명	*Santolina chamaecyparissus* L.
영 명	Common Lavender Cotton Perennial, Lavender Cotton
별 명	산톨리나
생활형	다년초
개화기	7~8월
화 색	황색
초장, 초폭	70cm, 40cm
용 도	암석원, 지피식물, 허브원, 절화용, 식용
번식방법	삽목(반숙지삽), 종자(봄), 분주(봄, 가을),
생육적온	18~22℃
내한성	0℃
광 요구도	양지
수분 요구도	보통
관리포인트	습한 것을 싫어하므로 배수성이 좋은 토양에 식재 봄에 강전정을 수행하면 형태를 유지할 수 있으나 개화가 억제됨
비 고	잎에 향이 있으나 꽃의 냄새는 좋지 않음

05. 국화과(Asteraceae)

1	2	3	4	5	6	7	8	9	10	11	12

식물명	누운백일홍
학 명	*Sanvitalia procumbens* Lam.
영 명	Creeping Zinnia
생활형	일년초
개화기	7~10월
화 색	황색, 주황색
초장, 초폭	20cm, 45cm
용 도	지피식물원, 화단용, 컨테이너용
번식방법	종자(봄, 가을)
생육적온	16~35℃
내한성	5℃
광 요구도	양지
수분 요구도	보통
관리포인트	배수가 잘된 토양

1	2	3	4	5	6	7	8	9	10	11	12

식물명	백묘국
학 명	*Senecio cineraria* DC. (*Cineraria maritima*)
영 명	Dusty Miller, Silver Ragwort
별 명	설국
생활형	일년초
개화기	6~9월
화 색	황색
초장, 초폭	60cm, 60cm
용 도	화단용, 지피사물원
번식방법	종자, 삽목(봄, 가을)
생육적온	16~25℃
광 요구도	양지
수분 요구도	보통
관리포인트	배수가 잘된 토양 건조에 강함
비 고	cineraria는 회색이라는 뜻 잎이 회색이어서 화색정원에 심으면 좋음

05. 국화과(Asteraceae)

1	2	3	4	5	6	7	8	9	10	11	12

식물명	독일아이비	번식방법	종자, 삽목(줄기삽: 봄, 가을), 분주(봄, 가을)
학 명	*Senecio micanioides* Walp.	생육적온	10~21℃
영 명	German Ivy, Italian Ivy	내한성	8℃
생활형	다년초	광 요구도	반음지
개화기	11~3월	수분 요구도	보통
화 색	황색	관리포인트	배수가 잘된 토양 3~4년마다 분주함
초장, 초폭	60cm, 30cm		
용 도	지피식물원, 덩굴식물원, 행잉		

1	2	3	4	5	6	7	8	9	10	11	12

식물명	스코틀랜드엉겅퀴
학 명	*Silybum marianum* (L.) Gaertn. (*Carduus marianus*)
영 명	Milk Thistle, Blessed Mary's Thistle, Holy Thistle
별 명	밀크시클, 흰무늬엉컹퀴
생활형	이년초
개화기	7~8월
화 색	분홍색
초장, 초폭	80cm, 20cm
용 도	지피식물원, 화단용, 무늬원, 칼라정원, 허브정원, 암석원
번식방법	종자(겨울, 봄 - 냉상에 파종)
생육적온	15~23℃
내한성	−15℃
광 요구도	양지
수분 요구도	보통
관리포인트	종자가 따가워서 장갑 끼고 채종 및 정선 배수성이 좋은 알칼리성 토양 선호 추위에 약하나 더위에 강함 어린 잎은 달팽이 피해가 나타날 수 있으므로 주의
비 고	이른 봄에 파종하면 당년에 개화 됨 스코틀랜드의 국화임

05. 국화과(Asteraceae)

1	2	3	4	5	6	7	8	9	10	11	12

식물명	미국미역취	생육적온	16~30℃
학 명	*Solidago serotina* Aiton	내한성	−15℃
영 명	Late Golden-Rod	광 요구도	양지
별 명	서양미역취	수분 요구도	보통
생활형	다년초	관리포인트	배수가 잘되는 토양 월동을 위하여 가을에 시든 꽃대를 잘라주어야 함 3~4년마다 분주해야 함
개화기	8~9월		
화 색	황색		
초장, 초폭	1m, 45cm		
용 도	절화용, 화단용, 지피식물원		
번식방법	종자, 분주(봄, 가을)		

1	2	3	4	5	6	7	8	9	10	11	12

식물명	스토케시아
학 명	*Stokesia laevis* (J. Hill) Greene
영 명	Stoke's Aster
생활형	일년초
개화기	6~10월
화 색	백색, 분홍색, 자주색
초장, 초폭	60cm, 30cm
용 도	화단용, 절화용
번식방법	종자(4℃, 6주 층적 후 파종), 분주(봄, 가을)
생육적온	16~30℃
내한성	종자월동
광 요구도	양지
수분 요구도	보통
관리포인트	배수가 잘된 토양 산성토양 선호하므로 석회 시용 금지 시든 꽃을 제거하여 개화기 연장 겨울 월동을 위하여 멀칭
비 고	온실에서는 다년초임 꽃은 저녁에 핌

05. 국화과(Asteraceae)

1	2	3	4	5	6	7	8	9	10	11	12

식물명	우산나물	용 도	지피식물원, 자생식물원, 식용, 약용
학 명	*Syneilesis palmata* (Thunb.) Maxim.	번식방법	종자, 분주(봄, 가을)
별 명	섬우산나물, 대청우산나물, 삿갓나물	생육적온	16~30℃
생활형	다년초	내한성	−15℃
개화기	6~9월	광 요구도	반음지, 양지
화 색	백색	수분 요구도	보통
초장, 초폭	80cm, 30cm	관리포인트	월동을 위하여 가을에 시든 줄기를 잘라주어야 함 3~4년마다 분주해야 함

1	2	3	4	5	6	7	8	9	10	11	12

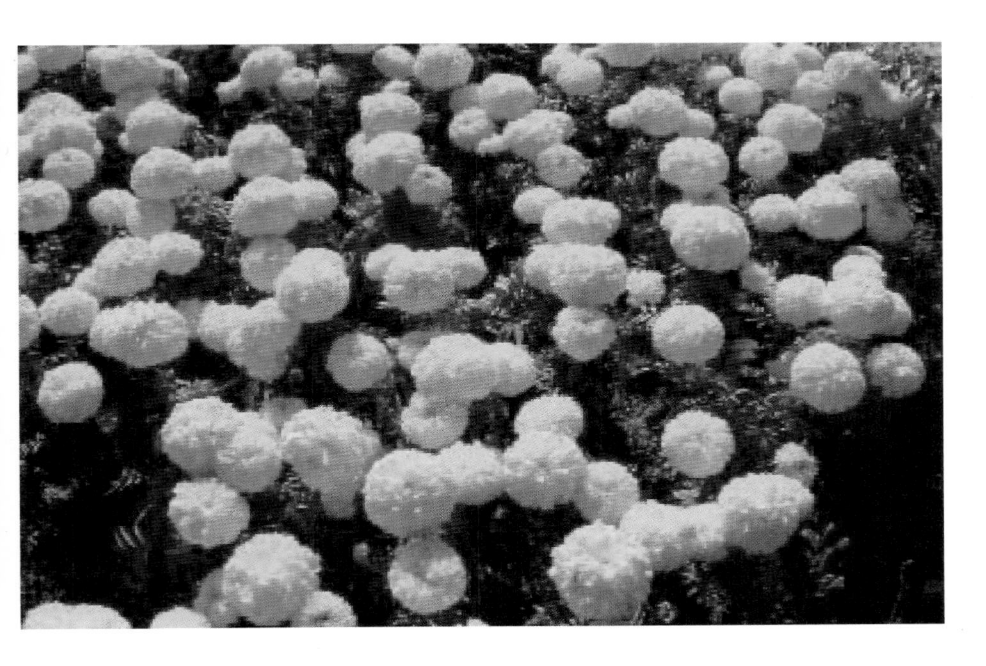

식물명	아프리칸 메리골드
학 명	*Tagetes erecta* L.
영 명	African Marigold, Big Marigold
별 명	만수국
생활형	춘파일년초
개화기	7~11월
화 색	황색, 주황색
초장, 초폭	40cm, 40cm
용 도	화단용, 분화용 허브정원, 해충차단용
번식방법	종자(봄)
생육적온	16~30℃
내한성	5℃
광 요구도	반음지, 양지
수분 요구도	보통
관리포인트	배수가 잘된 토양 관상가치와 개화기 연장을 위해 시든 꽃을 제거 함
비 고	erecta는 직립한다는 뜻임

05. 국화과(Asteraceae)

1	2	3	4	5	6	7	8	9	10	11	12

식물명	레몬 매리골드
학 명	*Tagetes lemmonii* L.
영 명	Lemon Marigold
별 명	공작초
생활형	춘파일년초
개화기	7~11월
화 색	황색, 주황색
초장, 초폭	40cm, 40cm
용 도	화단용, 허브정원
번식방법	종자(봄)
생육적온	16~30℃
내한성	5℃
광 요구도	양지
수분 요구도	보통
관리포인트	배수가 잘되는 토양 관상가치와 개화기 연장을 위해서 시든 꽃을 제거함
비 고	잎에서 박하와 레몬 향이 남

1	2	3	4	5	6	7	8	9	10	11	12

식물명	프렌치 매리골드
학 명	*Tagetes patula* L.
영 명	French Marigold
별 명	공작초
생활형	춘파일년초
개화기	7~11월
화 색	황색, 주황색
초장, 초폭	40cm, 40cm
용 도	화단용, 분화용, 허브정원, 해충차단용
번식방법	종자(봄)
생육적온	16~30℃
내한성	5℃
광 요구도	양지
수분 요구도	보통
관리포인트	배수가 잘 되는 토양 관상가치와 개화기 연장을 위해 시든 꽃을 제거해야 함
비 고	patula는 넓어지다는 뜻임

05. 국화과(Asteraceae)

1	2	3	4	5	6	7	8	9	10	11	12

식물명	휘버휴
학 명	*Tanacetum parthenium* L. (*Chrysanthemum parthenium, Matricaria parthenium*)
영 명	Feverfew, Pellitory Matricaria
별 명	화란국화, 여름국화
생활형	다년초
개화기	6~7월
화 색	황색, 백색
초장, 초폭	60cm, 30cm
용 도	화단용, 허브정원, 식용, 약용
번식방법	종자(봄), 분주(봄, 가을) 삽목(줄기삽: 봄, 가을)
생육적온	16~20℃
내한성	-15℃
광 요구도	양지
수분 요구도	보통
관리포인트	배수가 잘된 토양 월동을 위하여 가을에 시든 꽃대를 잘라 주어야 함 3~4년마다 분주해야 함
비 고	전초가 열을 내리게 한다고 해서feverfew라 함

1	2	3	4	5	6	7	8	9	10	11	12

식물명	탄지
학 명	*Tanacetum vulgare* L. (*Chrysanthemum vulgare*)
영 명	Tansy, Golden Buttons
별 명	탠지
생활형	다년초
개화기	6~7월
화 색	황색
초장, 초폭	80cm, 40cm
용 도	화단용, 허브정원
번식방법	종자, 분주(봄, 가을)
생육적온	16~25℃
내한성	−15℃
광 요구도	양지
수분 요구도	보통
관리포인트	배수가 잘 된 토양 월동을 위하여 가을에 시든 꽃대를 잘라 주어야 함 3~4년마다 분주해야 함

05. 국화과(Asteraceae)

1	2	3	4	5	6	7	8	9	10	11	12

식물명	서양민들레
학　명	*Taraxacum officinale* Weber
영　명	Common Dandelion
별　명	양민들레, 포공영
생활형	다년초
개화기	3~9월
화　색	황색
초장, 초폭	30cm, 30cm
용　도	지피식물원, 약용식물원, 식용, 약용, 경관식재용
번식방법	종자
생육적온	10~30℃
내한성	-15℃
광 요구도	양지
수분 요구도	보통
관리포인트	번식력이 강하여 잡초성이 매우 강하므로 정원에 사용 시에는 주의
비　고	서양민들레는 총포가 뒤로 젖혀 있으나 민들레는 총포가 바로 세워져 있음

1	2	3	4	5	6	7	8	9	10	11	12

식물명	밀집꽃
학 명	*Xerochrysum bracteatum* Vent. (*Bractheantha bracteatum*)
영 명	Golden Everlasting, Strawflower
별 명	종이꽃, 바스라기꽃
생활형	일년초
개화기	5~9월
화 색	황색, 주황색, 적색, 분홍색, 백색
초장, 초폭	60cm, 20cm
용 도	화단용, 분화용, 건조화 정원
번식방법	종자
생육적온	16~30℃
내한성	종자로 월동함
광 요구도	양지
수분 요구도	보통
관리포인트	관상가치와 개화기 연장을 위해 시든 꽃 제거 내건성 식물
비 고	꽃을 만지면 바스락거린다고 바스라기꽃으로도 부름 드라이플라워로 많이 쓰임

05. 국화과(Asteraceae)

1	2	3	4	5	6	7	8	9	10	11	12

식물명	좁은잎백일홍	용 도	화단용, 분화용
학 명	*Zinnia angustifolia* H.B.K.	번식방법	종자(봄)
		생육적온	16~30℃
영 명	Narrow Leaf Zinnia	내한성	종자로 월동
생활형	춘파일년초	광 요구도	양지
개화기	7~10월	수분 요구도	보통
화 색	백색, 주황색 등 다양한 색	관리포인트	관상가치와 개화기 연장을 위해 시든 꽃 제거
초장, 초폭	30cm, 30cm		

1	2	3	4	5	6	7	8	9	10	11	12

식물명	백일홍
학 명	*Zinnia elagans* Jacq.
영 명	Zinnia, Youth and Old Age, Zinnia Lilliput
생활형	춘파일년초
개화기	7~10월
화 색	백색, 주황색 등 다양한 색
초장, 초폭	30cm, 30cm
용 도	화단용, 분화용
번식방법	종자(봄)
생육적온	16~30℃
내한성	종자로 월동
광 요구도	양지
수분 요구도	보통
관리포인트	관상가치와 개화기 연장을 위해 시든 꽃 제거

06. 꼭두서니과(Rubiaceae)

1	2	3	4	5	6	7	8	9	10	11	12

식물명	펜타스
학 명	*Pentas lanceolata* (Forssk.) Defkers
영 명	Star Cluster, Egyptian Star Cluster
생활형	일년초
개화기	5~9월
화 색	분홍색, 적색, 백색 등 다양한 색
초장, 초폭	60cm, 30cm
용 도	화단용, 절화용
번식방법	종자, 삽목
생육적온	16~30℃
내한성	5~6℃
광 요구도	양지
수분 요구도	보통
관리포인트	배수가 잘되는 토양 다습에 약함
비 고	온실에서는 다년초임 많은 원예 품종이 있음

1	2	3	4	5	6	7	8	9	10	11	12

식물명	드람불꽃
학 명	*Phlox drummondii* Hook.
영 명	Annual Phlox, Drummond Phlox
별 명	풀플록스
생활형	춘파 일년초
개화기	7~8월
화 색	자주색, 남색, 연분홍색, 백색 등 다양한 색
초장, 초폭	30cm, 30cm
용 도	화단용, 초화원, 지피식물원
번식방법	종자(봄)
생육적온	16~30℃
내한성	5℃
광 요구도	양지
수분 요구도	보통
관리포인트	배수가 잘되는 토양 관상가치와 개화기 연장을 위해 시든 꽃 제거

07. 꽃고비과(Polemolaceae)

1	2	3	4	5	6	7	8	9	10	11	12

식물명	풀협죽도
학 명	*Phlox paniculata* L.
영 명	Summer Perennial Phlox, Fall Phlox,
별 명	숙근플록스, 협죽초, 하늘플록스
생활형	다년초
개화기	6~9월
화 색	연분홍색, 백색 등 다양한 색
초장, 초폭	80cm, 40cm
용 도	화단용, 초화원, 지피식물원
번식방법	종자, 분주(봄, 가을)
생육적온	16~30℃
내한성	−15℃
광 요구도	양지
수분 요구도	보통
관리포인트	배수가 잘되는 토양 3~4년마다 분주해야 함 관상가치와 개화기 연장을 위해 시든 꽃 제거
비 고	paniculata는 원추화라는 뜻임

1	2	3	4	5	6	7	8	9	10	11	12

식물명	지면패랭이
학 명	*Phlox sublata* L.
영 명	Moss Phlox, Moss Phlox, Ground Pink
별 명	꽃잔디
생활형	다년초
개화기	4~5월
화 색	백색, 분홍색
초장, 초폭	20cm, 30cm
용 도	화단용, 초화원, 지피식물원
번식방법	종자, 분주(봄, 가을), 삽목 (줄기삽: 봄, 가을)
생육적온	10~25℃
내한성	−18℃
광 요구도	양지
수분 요구도	많음
관리포인트	월동을 위하여 가을에 시든 꽃대 제거해야 함 배수가 잘되는 토양
비 고	sublata는 침 모양이라는 뜻임

07. 꽃고비과(Polemolaceae)

1	2	3	4	5	4	7	8	9	10	11	12

식물명	꽃고비
학 명	*Polemonium racemosum* (Regel) Kitam.
영 명	Jacob's Ladder
별 명	함영꽃고비
생활형	다년초
개화기	7~8월
화 색	자주색
초장, 초폭	80cm, 40cm
용 도	화단용, 고산정원
번식방법	종자, 분주(봄, 가을)
생육적온	16~25℃
내한성	-18℃
광 요구도	양지
수분 요구도	보통
관리포인트	월동을 위하여 가을에 시든 꽃대를 잘라 주어야 함 3~4년마다 분주해야 함

1	2	3	4	5	4	7	8	9	10	11	12

식물명	배초향
학 명	*Agastache rugosa* (Fisch. & Mey.) Kuntze
영 명	Korean Mint, Giant Hyssop
별 명	방아잎, 방아풀
생활형	다년초
개화기	7~9월
화 색	자주색, 분홍색
초장, 초폭	40~100cm, 30cm
용 도	허브가든, 키친가든, 화단용, Woodland Garden
번식방법	종자(13~18℃), 분주(봄), 삽목
생육적온	16~30℃
내한성	−10℃
광 요구도	양지, 반음지
수분 요구도	배수성이 좋은 토양
비 고	Agastache rugosa ‘Golden Jubilee’ 황금배초향

08. 꿀풀과(Labiatae, Lamiaceae)

1	2	3	4	5	6	7	8	9	10	11	12

식물명	조개나물
학 명	*Ajuga multiflora* Bunge (*A. amurica Freyn, A. multiflora* var. *brevispicata* C.Y.Wu & C.Chen, *A. genevensis*)
별 명	다화근골초
생활형	다년초
개화기	5~6월
화 색	보라색
초장, 초폭	30cm, 30cm
용 도	분화용, 화단, 지피용
번식방법	종자, 분주(봄, 가을)
생육적온	15~25℃
내한성	−15℃
광 요구도	양지
수분 요구도	보통
관리포인트	배수가 잘되는 토양
비 고	여름철 고온기에 휴면에 들어감

1	2	3	4	5	6	7	8	9	10	11	12

식물명	아주가
학 명	*Ajuga reptans* L. (*A. repens*)
영 명	Bugle Weed
별 명	서양금창초
생활형	다년초(포복성)
개화기	5~6월
화 색	보라색
초장, 초폭	30cm, 60~90cm
용 도	지피용, Bog Garden
번식방법	근경, 포복경, 분주
생육적온	16~30℃
내한성	−15℃
광 요구도	양지, 반음지
수분 요구도	보통
관리포인트	배수가 잘되는 토양
비 고	*Ajuga reptans* 'Elmblut' 잎의 색이 자주색이어서 컬라정원에 심으면 좋음

08. 꿀풀과(Labiatae, Lamiaceae)

1	2	3	4	5	6	7	8	9	10	11	12

식물명	용머리
학 명	*Dracocephalum argunense* Fisch. ex Link
영 명	Dragon's Head
별 명	용두
생활형	다년초
개화기	6~8월
화 색	보라색, 청색, 백색
초장, 초폭	45cm, 30cm
용 도	화단용, 암석원, 밀원식물
번식방법	종자(종피 처리 후 파종), 분주(봄, 가을), 삽목
생육적온	16~25℃
내한성	-15℃ Z5
광 요구도	양지
수분 요구도	보통
관리포인트	적심을 해주면 가지가 많이 나옴
비 고	석회암 지대 식생 복원용으로 적합

1	2	3	4	5	6	7	8	9	10	11	12

식물명	무늬병꽃풀
학 명	*Glechoma hederacea* L.'Variegata' (*Nepeta glechoma*)
영 명	Ground Ivy, Gil-over-the-Ground, Creeping Charlie, Alehoof, Field Balm
별 명	연전초
생활형	다년초(덩굴성)
개화기	5월
화 색	보라색
초장, 초폭	20cm, 1~2m
용 도	지피식물, Woodland Garden, 허브원
번식방법	종자, 분주
생육적온	12~22℃
내한성	5℃
광 요구도	반음지
수분 요구도	많음
관리포인트	건조하면 잎이 마름

08. 꿀풀과(Labiatae, Lamiaceae)

1	2	3	4	5	6	7	8	9	10	11	12

식물명	광대나물
학　명	*Lamium amplexicaule* L.
영　명	Henbit Deadnettle
별　명	작은잎꽃수염풀, 긴잎광대수염, 생약명, 보개초
생활형	이년초
개화기	4~5월
화　색	적자색
초장, 초폭	30cm, 30cm
용　도	화단용
번식방법	종자(봄)
생육적온	16~30℃
내한성	−18℃
광 요구도	양지
수분 요구도	보통
관리포인트	너무 무성하게 자라지 않도록 조절해야 함

08. 꿀풀과(Labiatae, Lamiaceae)

1	2	3	4	5	6	7	8	9	10	11	12

식물명	라미움
학 명	*Lamium maculatum* L.
영 명	Spotted Dead Nettle
생활형	상록다년초
개화기	4~6월
화 색	홍자색, 백색
초장, 초폭	50cm, 30cm
용 도	화단용, 공중걸이용, 지피식물원
번식방법	삽목, 분주(봄, 가을)
생육적온	5~15℃
내한성	5℃
광 요구도	반음지
수분 요구도	많음
관리포인트	3~4년마다 분주해야 함 월동을 위하여 가을에 시든 꽃 제거 해야 함
비 고	잎에 점무늬가 있어 maculatum라고 부르고 컬라 정원에 심으면 좋음

08. 꿀풀과(Labiatae, Lamiaceae)

1	2	3	4	5	6	7	8	9	10	11	12

식물명	잉글리쉬라벤다
학 명	*Lavandula angustifolia* Mill.
영 명	Common Lavender, True Lavender, Narrow-Leaved Lavender, English Lavender
생활형	상록다년초(반관목)
개화기	6~8월
화 색	남색
초장, 초폭	1m, 50cm
용 도	허브정원, 분화용, 건조화, 식용, 약용
번식방법	종자, 삽목(연중), 분주(봄, 가을)
생육적온	16~25℃
내한성	5℃ 이상
광 요구도	양지
수분 요구도	보통
관리포인트	공중습도 건조하게 관리 함 배수가 잘되는 토양 통풍이 잘되는 곳 3~4년마다 분주해야 함 관상가치와 개화기 연장을 위해 시든 꽃 제거해야 함 월동을 위해서는 실내로 옮겨야 함
비 고	향의 여왕이라 부름. 에센셜 오일로 많이 이용함

08. 꿀풀과(Labiatae, Lamiaceae)

1	2	3	4	5	6	7	8	9	10	11	12

식물명	프렌치라벤다
학 명	*Lavandula stoechas* L.
영 명	French Lavender, Spanish Lavender, Stoechas Lavender, Topped Lavender
생활형	상록다년초 (반관목)
개화기	6~8월
화 색	남색
초장, 초폭	1m, 50cm
용 도	허브정원, 분화용, 건조화, 식용, 약용
번식방법	종자, 삽목(연중), 분주(봄, 가을)
생육적온	16~25℃
내한성	5℃ 이상
광 요구도	양지
수분 요구도	보통
관리포인트	공중습도 건조하게 관리함 배수가 잘되는 토양 통풍이 잘되는 곳 3~4년마다 분주해야 함 관상가치와 개화기 연장을 위해 시든 꽃 제거해야 함 월동을 위해서는 실내로 옮겨야 함
비 고	향의 여왕이라 부름 에센셜오일로 많이 이용함

08. 꿀풀과(Labiatae, Lamiaceae)

1	2	3	4	5	6	7	8	9	10	11	12

식물명	애플민트
학 명	*Mentha suaveolens* J. F. Ehrh.
영 명	Apple Mint, Round – Leafed Mint, Woolly Mint
별 명	사과박하
생활형	다년초
개화기	8~9월
화 색	분홍색
초장, 초폭	60cm, 40cm
용 도	화단용, 절화용, 허브정원, 식용, 약용
번식방법	종자, 분주(봄, 가을), 삽목
생육적온	16~30℃
내한성	−18℃
광 요구도	양지
수분 요구도	보통
관리포인트	월동을 위하여 가을에 시든 꽃대 제거해야 함 장마 전에 적심을 해 주면 도복 방지됨 3~4년마다 분주해야 함
비 고	잎에서 사과향기가 나서 애플민트라 부름 *Mentha suaveolens* 'Variegata' 파인애플민트

08. 꿀풀과(Labiatae, Lamiaceae)

1	2	3	4	5	6	7	8	9	10	11	12

식물명	모나르다
학 명	*Monarda didyma* L.
영 명	Bergamot, Bee Balm.
별 명	벨가못트
생활형	다년초
개화기	6~9월
화 색	적색, 분홍색, 백색
초장, 초폭	60cm, 40cm
용 도	화단용, 허브정원
번식방법	종자, 분주(봄, 가을)

생육적온	16~30℃
내한성	-18℃
광 요구도	양지
수분 요구도	보통
관리포인트	통풍이 필요함 월동을 위하여 가을에 시든 꽃대 제거해야 함 3~4년마다 분주해야 함
비 고	매콤한 맛과 향이 남

08. 꿀풀과(Labiatae, Lamiaceae)

1	2	3	4	5	6	7	8	9	10	11	12

식물명	미국베르가못
학 명	*Monarda puntata* L.
영 명	Dotted Horsemint, Spotted Beebalm
생활형	다년초
개화기	6~9월
화 색	적색, 분홍색, 황색
초장, 초폭	80cm, 40cm
용 도	화단용, 허브정원
번식방법	종자, 분주(봄, 가을)

생육적온	16~30℃
내한성	−18℃
광 요구도	양지
수분 요구도	보통
관리포인트	월동을 위하여 가을에 시든 꽃대 제거해야 함 3~4년마다 분주해야 함 배수가 잘된 토양 통풍이 필요함

08. 꿀풀과(Labiatae, Lamiaceae)

1	2	3	4	5	6	7	8	9	10	11	12

식물명	바질
학 명	*Ocimum basilicum* (L.)
영 명	Sweet Basil
별 명	베이절, 배절, 스윗바질, 바실
생활형	일년초
개화기	7~10월
화 색	백색, 분홍색
초장, 초폭	60cm, 40cm

용 도	화단용, 허브정원, 식용, 약용
번식방법	종자(봄, 가을), 삽목
생육적온	16~30℃
내한성	0℃
광 요구도	양지
수분 요구도	보통
관리포인트	배수성이 좋은 토양 선호

08. 꿀풀과(Labiatae, Lamiaceae)

1	2	3	4	5	6	7	8	9	10	11	12

식물명	캔트뷰티 오레가노
학 명	*Origanum rotundifolium* 'Kent Beauty'
영 명	Kent Beauty Oregano
별 명	왕관골무
생활형	다년초
개화기	7~8월
화 색	분홍색
초장, 초폭	60cm, 40cm
용도	화단용, 분화용, 건조화, 허브정원, 암석원, 걸이화분용

번식방법	분주
생육적온	10~21℃
내한성	−18℃
광 요구도	양지
수분 요구도	보통
관리포인트	배수가 잘되는 토양 월동을 위하여 가을에 시든 꽃대 제거해야 함 3~4년마다 분주해야 함

1	2	3	4	5	6	7	8	9	10	11	12

식물명	오레가노
학 명	*Origanum vulgare* L.
영 명	Wild Marjoram, Oregan
생활형	다년초
개화기	6~9월
화 색	분홍색
초장, 초폭	50cm, 30cm
용 도	화단용, 분화용, 건조화, 허브정원, 암석원
번식방법	종자, 삽목, 분주(봄, 가을)
생육적온	10~21℃
내한성	−18℃
광 요구도	양지
수분 요구도	보통
관리포인트	배수가 잘되는 토양 월동을 위하여 가을에 다 진 꽃대 제거 3~4년마다 분주해야 함

08. 꿀풀과(Labiatae, Lamiaceae)

1	2	3	4	5	6	7	8	9	10	11	12

식물명	소엽
학 명	*Perilla frutescens* var. *acuta* Kudo
영 명	Beefsteak Plant, Shiso
별 명	자소, 차즈기
생활형	일년초
개화기	8~9월
화 색	백색
초장, 초폭	80cm, 30cm
용 도	분화용, 화단용, 식용, 약용
번식방법	종자(봄)
생육적온	16~25℃
광 요구도	양지
수분 요구도	보통
비 고	잎이 자주색이 배수가 잘되는 토양으로 컬라정원에 심으면 좋음 배수가 잘되는 토양 잎이 자주색으로 컬라정원에 적합

1	2	3	4	5	6	7	8	9	10	11	12

식물명	러시안 세이지	번식방법	종자, 삽목, 분주(봄, 가을)
학 명	*Perovskia atriplicifolia* Benth.	생육적온	16~25℃
		내한성	-18℃
영 명	Russian Sage	광 요구도	양지
생활형	다년초	수분 요구도	보통
개화기	8~9월	관리포인트	월동을 위하여 가을에 시든 꽃대를 제거 해야 함 3~4년마다 분주함
화 색	자주색		
초장, 초폭	80cm, 40cm		
용 도	분화용, 화단용, 허브정원		

08. 꿀풀과(Labiatae, Lamiaceae)

1	2	3	4	5	6	7	8	9	10	11	12

식물명	꽃범의꼬리
학　명	*Physostegia virginiana* Benth.
영　명	Obedient Plant, False Dragonhead
별　명	피소스테기아
생활형	다년초
개화기	7~9월
화　색	백색, 분홍색
초장, 초폭	60cm, 40cm
용　도	화단용, 초화원, 지피식물원

번식방법	종자, 분주(봄, 가을), 삽목(봄, 가을)
생육적온	16~30℃
내한성	−18℃
광 요구도	양지
수분 요구도	보통
관리포인트	건조 시에는 잎끝이 마르는 현상이 발생함 3~4년마다 분주해야 함 월동을 위하여 가을에 시든 꽃대 제거해야 함
비　고	*Physostegia virginiana* 'Alba' 흰꽃범의꼬리

08. 꿀풀과(Labiatae, Lamiaceae)

1	2	3	4	5	6	7	8	9	10	11	12

식물명	플렉트란더스 모나라벤더
학 명	*Plectranthus* 'Mona Lavender' Hort.
영 명	Swedish Ivy, Spur flower, Mona Lavender, Muishondblaar
별 명	케이프라벤더
생활형	다년초
개화기	9~10월
화 색	남색
초장, 초폭	60cm, 40cm
용 도	화단용, 분화용, 지피식물원, 허브정원
번식방법	분주(봄, 가을), 삽목(줄기삽: 봄, 가을)
생육적온	15~25℃
내한성	5℃
광 요구도	반음지
수분 요구도	보통
관리포인트	관상가치와 개화기 연장을 위해 시든 꽃 제거 줄기 끝은 주기적으로 잘라주어 컴팩트하게 유지
비 고	시중에 '모나라벤더'라 판매되고 있지만 실제 라벤더와는 다른 종임

08. 꿀풀과(Labiatae, Lamiaceae)

1	2	3	4	5	6	7	8	9	10	11	12

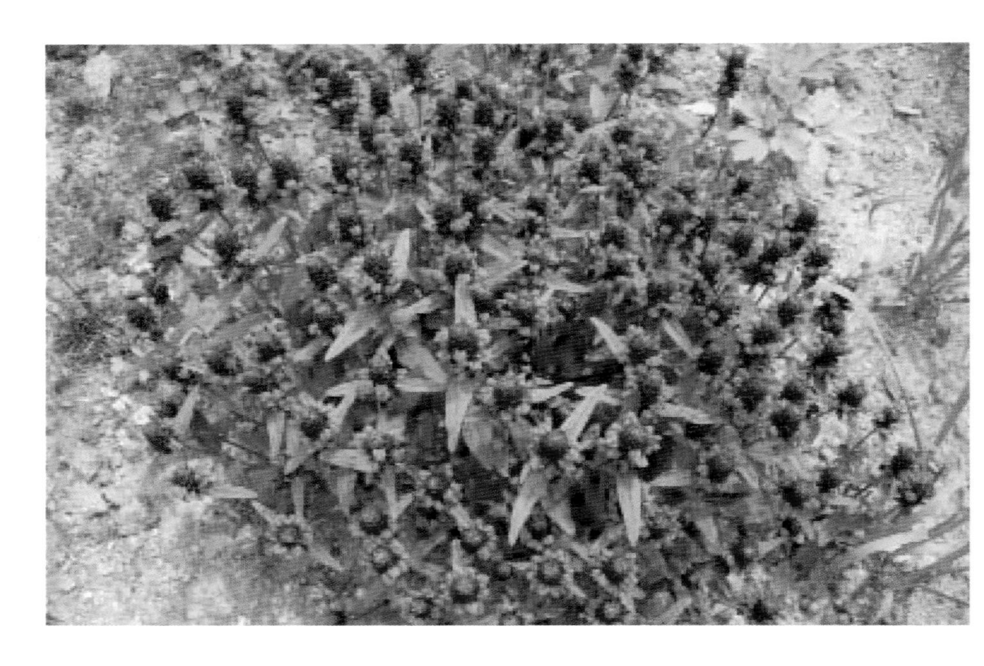

식물명	그랜디플로라 꿀풀
학 명	*Prunella grandiflora* (L.) Jacq.
생활형	다년초
개화기	5~7월
화 색	분홍색
초장, 초폭	20cm, 20cm
용 도	화단용, 분화용, 지피식물원, 약용식물원, 식용, 약용
번식방법	종자, 분주(봄, 가을)
생육적온	10~23℃
내한성	−18℃
광 요구도	반음지, 양지
수분 요구도	보통
관리포인트	환기를 요함
비 고	고온다습에 약해 여름에 고사하여 하고초라 부름 국내종보다 꽃이 큼

1	2	3	4	5	6	7	8	9	10	11	12

식물명	파인애플세이지	용 도	화단용, 분화용, 허브정원, 밀원식물원, 식용
학 명	*Salvia elegans* Vahl. 'Scarlet Pineapple' (*S. rutilans*)	번식방법	삽목(가지삽: 봄, 가을)
		생육적온	16~30℃
영 명	Pineapple Sage	내한성	10℃
생활형	다년초	광 요구도	양지
개화기	9월~다음 해 4월	수분 요구도	보통
화 색	적색	관리포인트	배수가 잘되는 토양에 식재
초장, 초폭	1m, 40cm	비 고	잎에서 파인애플 향기가 나며 꽃을 빨면 꿀이 나옴

08. 꿀풀과(Labiatae, Lamiaceae)

1	2	3	4	5	6	7	8	9	10	11	12

식물명	청샐비아
학 명	*Salvia farinacea* Benth.
영 명	Mealy Sage, Mealycup Sag, Blue Sage
별 명	블루세이지, 청사루비아
생활형	일년초
개화기	6~9월
화 색	청남색
초장, 초폭	60cm, 30cm
용 도	화단용, 분화용, 허브정원
번식방법	종자
생육적온	16~30℃
내한성	5℃
광 요구도	양지
수분 요구도	보통
관리포인트	따뜻한 지역에서는 잘라주면 지속적으로 개화함

1	2	3	4	5	6	7	8	9	10	11	12

식물명	체리세이지
학 명	*Salvia microphylla* Kunth
영 명	Cherry Sage, Blackcurrant Sage, Baby Sage, Graham's Sage
생활형	다년초
개화기	4~9월
화 색	적색
초장, 초폭	1m, 40cm
용 도	화단용, 허브정원, 식용, 밀원식물
번식방법	종자(봄), 삽목(가지삽: 봄, 가을), 분주(봄, 가을)
생육적온	15~25℃
내한성	8℃
광 요구도	양지
수분 요구도	보통
관리포인트	월동을 위하여 가을에 시든 꽃대를 잘라 주어야 함 3~4년마다 분주해야 함
비 고	잎에서 향이 남 자연상태에서는 종자가 떨어져 번식함

08. 꿀풀과(Labiatae, Lamiaceae)

1	2	3	4	5	6	7	8	9	10	11	12

식물명	샐비아네메로사
학 명	*Salvia nemerosa* L. (*S. deserta*)
영 명	Woodland Sage, Sage
별 명	숙근샐비아
생활형	다년초
개화기	6~9월
화 색	남색, 백색, 분홍색
초장, 초폭	1m, 60cm
용 도	화단용, 허브정원, 컨테이너용, 암석원, 경관식재용

번식방법	종자
생육적온	16~30℃
내한성	−15℃
광 요구도	양지
수분 요구도	보통
관리포인트	내건성식물 임 개화기에는 규칙적인 관수가 필요함 개화가 끝나거나 무더운 여름에 잎 상태가 나빠지면 지상부를 잘라주어야 함
비 고	지속적으로 개화함

1	2	3	4	5	6	7	8	9	10	11	12

식물명	샐비아
학 명	*Salvia splendens* Sellow ex J. A. Schultes
영 명	Scarlet Sage, Tropical Sage, Salvia
별 명	사루비아, 깨꽃
생활형	일년초
개화기	6~9월
화 색	적색, 자주색 등 다양한 색
초장, 초폭	30cm, 30cm
용 도	화단용, 컨테이너용, 허브정원, 초화원
번식방법	종자
생육적온	16~30℃
내한성	8℃
광 요구도	양지
수분 요구도	보통
관리포인트	개화가 끝나거나 무더운 여름에 잎 상태가 나빠지면 지상부를 잘라내 줄 것
비 고	Salvia: 안전한, 약용성분을 의미, splendens: 화려함을 의미함(붉은색)

08. 꿀풀과(Labiatae, Lamiaceae)

1	2	3	4	5	6	7	8	9	10	11	12

식물명	페인티드세이지	번식방법	종자
학 명	*Salvia viridis* L.(*S. horminum*)	생육적온	16~30℃
영 명	Painted Sage, Clary Sage	광 요구도	양지
별 명	클래리 세이지	수분 요구도	보통
생활형	일년초	관리포인트	관상가치와 개화기 연장을 위해 시든 꽃 제거
개화기	6~9월		
화 색	백색, 자주색, 분홍색	비 고	잎의 향기가 좋아 샐러드 등에 이용
초장, 초폭	60cm, 30cm		
용 도	화단용, 허브정원, 절화용, 건화용		

1	2	3	4	5	6	7	8	9	10	11	12

식물명	황금
학 명	*Scutellaria baicalensis* Georgi
영 명	Baikal Skullcap, Baikal Helmet Flower
별 명	속썩은풀, 골무꽃, 편금(片芩), 고금(枯芩), 조금(條芩)
생활형	다년초
개화기	7~8월
화 색	남색
초장, 초폭	50cm, 30cm
용 도	지피식물원, 약용식물원, 약용
번식방법	종자, 분주(봄, 가을)
생육적온	16~30℃
내한성	−15℃
광 요구도	양지
수분 요구도	보통
관리포인트	배수가 잘된 토양 3~4년마다 분주해야 함

08. 꿀풀과(Labiatae, Lamiaceae)

1	2	3	4	5	6	7	8	9	10	11	12

식물명	콜레우스
학 명	*Solenostemon scutellarioides* (L.) Codd (*Coleus blumei*)
영 명	Coleus, Painted Nettle, Flame Nettle
생활형	일년초
개화기	8~10월
화 색	백색
초장, 초폭	40cm, 20cm
용 도	분화용, 화단용
번식방법	종자, 삽목
생육적온	15~25℃
내한성	10℃
광 요구도	반음지
수분 요구도	보통
관리포인트	공중습도 약간 습하게 함 잎을 주로 관상하며 개화 시에는 꽃대 제거 함
비 고	온실에는 관목상 다년초, 잎이 다양한 색이므로 컬라 정원에 심으면 좋음

08. 꿀풀과(Labiatae, Lamiaceae)

1	2	3	4	5	6	7	8	9	10	11	12

식물명	솜우단풀
학 명	*Stachys byzantina* C. Koch
영 명	Lamb's Ears, Lamb's Tongue
별 명	램즈이어
생활형	다년초
개화기	6~7월
화 색	분홍색
초장, 초폭	60cm, 30cm
용 도	암석원, 절화용, 화단용, 건조화용, 허브정원
번식방법	종자, 분주(봄, 가을)
생육적온	16~30℃
내한성	−15℃
광 요구도	양지
수분 요구도	적음
관리포인트	배수가 잘된 토양에서 건조하게 관리해야 함 다습한 여름에 변색되거나 고사 된 잎을 제거해야 함 3~4년마다 분주해야 함
비 고	과습에 약함

08. 꿀풀과(Labiatae, Lamiaceae)

1	2	3	4	5	6	7	8	9	10	11	12

식물명	베토니
학 명	*Stachys officinalis* L. (*S. betonica*, *Betonica officinalis*)
영 명	Bishop's Wort, Betony, Wood Betony
생활형	일년초
개화기	5~7월
화 색	분홍색
초장, 초폭	60cm, 30cm
용 도	지피식물원
번식방법	종자, 분주(봄, 가을), 삽목(봄, 가을)
생육적온	16~25℃
내한성	−25℃
광 요구도	양지
수분 요구도	보통
관리포인트	배수가 잘된 토양 월동을 위하여 가을에 시든 줄기를 잘라 주어야 함

1	2	3	4	5	6	7	8	9	10	11	12

식물명	백리향
학 명	*Thymus quinquecostatus* Celak.
영 명	Fiveribbed Thyme
별 명	산백리향
생활형	다년초
개화기	6월
화 색	분홍색
초장, 초폭	20cm, 30cm
용 도	화단용, 분화용, 암석원, 허브정원, 지피식물원
번식방법	종자, 삽목(봄, 가을), 분주(봄, 가을)
생육적온	16~25℃
내한성	−15℃
광 요구도	양지
수분 요구도	보통
관리포인트	건조에 강하며 습한 토양에서는 뿌리가 썩기 쉬움 3~4년마다 분주해야 함
비 고	취약종

08. 꿀풀과(Labiatae, Lamiaceae)

1	2	3	4	5	6	7	8	9	10	11	12

식물명	골든레몬타임	번식방법	종자, 삽목(줄기삽: 봄, 가을), 분주(봄, 가을)
학 명	*Thymus* x *citriodorus* 'Aureus'	생육적온	16~25℃
영 명	Golden Lemon Thyme	내한성	−15℃
생활형	다년초	광 요구도	양지
개화기	6월	수분 요구도	보통
화 색	분홍색	관리포인트	습한 토양에서는 뿌리가 썩기 쉬움 3~4년마다 분주해야 함
초장, 초폭	20cm, 30cm		
용 도	화단용, 분화용, 암석원, 허브정원, 지피식물원	비 고	레몬 향기 나고 잎에 황색의 무늬가 있음

09. 네가래과(Marsilaceae)

1	2	3	4	5	6	7	8	9	10	11	12

식물명	네가래	번식방법	포자, 분주(봄, 가을)
학　명	*Marsilea quadrifolia* L.	생육적온	16~21℃
영　명	European Water Clover, Pepper Wort	내한성	−15℃
		광 요구도	양지, 반음지
별　명	전자초	수분 요구도	많음
생활형	다년초	관리포인트	습지, 연못에서 잘 자람 꽃이 피지 않고 포자로 번식
개화기	꽃이 피지 않음		
초장, 초폭	10cm, 30cm	비　고	잎 모양이 한자 밭 전자(田) 같아 전자초라 부름
용　도	수생식물원, 수재화단, Bog Garden		

10. 닭의장풀과(Commelinoideae)

1	2	3	4	5	6	7	8	9	10	11	12

식물명	양달개비	번식방법	종자, 분주(봄, 가을)
학 명	*Tradescantia reflexa* Rafin. (*T. ohiensis* Raf.)	생육적온	16~25℃
		내한성	−15℃
영 명	Reflexus, Spiderwort	광 요구도	양지
별 명	자주달개비	수분 요구도	보통
생활형	다년초	관리포인트	배수가 잘된 토양 월동을 위하여 가을에 시든 꽃대를 잘라 주어야 함 3~4년마다 분주해야 함
개화기	5월		
화 색	백색, 분홍색, 연자주색		
초장, 초폭	40cm, 40cm		
용 도	분화용, 화단용		

11. 대극과(Euphorbiaceae)

1	2	3	4	5	6	7	8	9	10	11	12

식물명	붉은여우꼬리풀
학 명	*Acalypha reptans* Sw. (*A. repens, A. pendula, A. chamaefolia*)
영 명	Red Cat's Tail, Dwarf Cat Tail, Strawberry Foxtail
별 명	여우꼬리
생활형	일년초(포복형)
개화기	5~10월(연중)
화 색	적색
초장, 초폭	15~30cm, 15cm
용 도	화단, 걸이화분, 컨테이너용, 베란다
번식방법	삽목(줄기가 땅에 닿으면 뿌리 내림) 분주 종자(층적 처리 후 파종)
생육적온	15~30℃
내한성	13℃
광 요구도	양지, 반그늘
수분 요구도	많음
관리포인트	토양 수분이 유지되도록 관리 서리 피해 주의

11. 대극과(Euphorbiaceae)

1	2	3	4	5	6	7	8	9	10	11	12

식물명	유다화
학 명	*Euphorbia* 'Diamond Frost'
생활형	다년초(온실 상록)
개화기	5~9월
화 색	백색
초장, 초폭	30~40cm, 30~40cm
용 도	분화용, 컨테이너용, 암석원, 걸이화분, 지피식물
번식방법	분주(봄), 삽목
생육적온	15~25℃
내한성	0℃
광 요구도	양지, 반음지
수분 요구도	보통
관리포인트	지속적으로 꽃이 피고 짐 여름철에는 반그늘로 이동시킴
비 고	독초이므로 식용 금지

1	2	3	4	5	6	7	8	9	10	11	12

식물명	설악초
학 명	*Euphorbia marginata* Pursh.
영 명	Snow on the Mountain, variegated Spurge, Ghost Weed
생활형	춘파 일년초
개화기	9~10월
화 색	백색
초장, 초폭	60~100cm, 30~60cm
용 도	화단용, 암석원, 분화용, 절화용
번식방법	종자(20℃, 2~3주)
생육적온	16~30℃
광 요구도	양지
수분 요구도	보통
비 고	녹색 바탕에 흰색의 테두리 무늬의 포엽 관상 유액에 독이 있으므로 주의

11. 대극과(Euphorbiaceae)

1	2	3	4	5	6	7	8	9	10	11	12

식물명	유포르비아 미르시니테스	용 도	분화용, 화단용, 암석원
학 명	*Euphorbia myrsinites* L.	번식방법	종자, 분주
영 명	Myrtle Spurge, Creeping Spurge, Donkey Tail	생육적온	16~30℃
		내한성	−15℃
생활형	상록다년초	광 요구도	양지
개화기	6~7월	수분 요구도	적음
화 색	황색	비 고	유액에 독이 있으므로 주의
초장, 초폭	25~40cm, 30cm		

1	2	3	4	5	6	7	8	9	10	11	12

식물명	유포르비아 폴리크로마	용 도	분화용, 화단용, 암석원
학 명	*Euphorbia polychroma* Kem	번식방법	종자, 분주
		생육적온	16~30℃
영 명	Cushion Spurge,	내한성	−15℃
생활형	다년초	광 요구도	양지, 반음지
개화기	4~5월	수분 요구도	적음
화 색	황색	비 고	유액이 피부와 눈에 묻지 않도록 주의
초장, 초폭	25~40cm, 60cm		

11. 대극과(Euphorbiaceae)

1	2	3	4	5	6	7	8	9	10	11	12

식물명	꽃아주까리	번식방법	종자
학 명	*Ricinus communis* L. 'Coccineus'	생육적온	16~30℃(유묘 생장에 20℃ 이상 필요)
영 명	Palma Christi, Castor Oil Plant	내한성	5℃
		광 요구도	양지
생활형	일년초	수분 요구도	보통
개화기	8~9월	관리포인트	월동을 위하여 가을에 시든 꽃대를 잘라 주어야 함
화 색	적색		
초장, 초폭	1m, 30cm	비 고	바람에 쓰러지기 쉬우므로 지주 설치 필요
용 도	화단용, 화분용, 약용식물원, 꽃꽂이		

12. 대엽초과(Gunneraceae)

1	2	3	4	5	6	7	8	9	10	11	12

식물명	대엽초
학　명	*Gunnera manicata* Lind.
영　명	Brazillian Umbreller Plant, Great Gunnera, Prickly Rhubarb, Giant Rubarb
별　명	군네라
생활형	다년초
개화기	5~6월
화　색	갈색, 녹색
초장, 초폭	3~4m
용　도	습지원
번식방법	종자(15℃, 2~8주, 가을 직파), 분주(봄)
생육적온	5~23℃
내한성	−10℃
광 요구도	양지
수분 요구도	많음
관리포인트	충분한 관수와 높은 공중습도를 유지 겨울에는 낙엽이나 짚으로 두껍게 덮어 보온
비　고	거대한 잎을 관상 화서의 상부는 수꽃, 하부는 암꽃, 중앙은 양성화임

13. 돌나물과(Crassulaceae)

1	2	3	4	5	6	7	8	9	10	11	12

식물명	큰꿩의비름
학 명	*Hylotelephium spectabile* (Boreau) H.Ohba (*Sedum spectabile*)
영 명	Ice Plant, Showy Sedum, Showy Stonecrop, Balloon Plant, Everlasting
별 명	불로초
생활형	다년초
개화기	8~9월
화 색	분홍색
초장, 초폭	30~70cm, 45cm
용 도	암석원, 지피용, 경관식재용
번식방법	종자(15~18℃), 삽목(잎꽂이), 분주(봄)
생육적온	15~30℃
내한성	−20℃
광 요구도	양지
수분 요구도	적음
관리포인트	배수성이 좋은 토양에 식재
비 고	곤충을 유인하는 데 좋음 꿩의비름은 꽃 차례가 둥근 형태이나 큰꿩의비름은 평평한 형태를 나타냄

13. 돌나물과(Crassulaceae)

1	2	3	4	5	6	7	8	9	10	11	12

식물명	둥근잎꿩의비름
학 명	*Hylotelephium ussuriense* (Kom.) H.Ohba (*Sedum rotundifolium, S. orbiculatum*)
생활형	다년초
개화기	7~8월
화 색	분홍색
초장, 초폭	15~25cm, 45cm
용 도	암석원, 지피용, 경관식재용
번식방법	종자(15~18C), 삽목(잎꽂이), 분주(봄)
생육적온	15~30℃
내한성	−20℃
광 요구도	양지
수분 요구도	적음
관리포인트	배수성이 좋은 토양에 식재
비 고	멸종위기식물

13. 돌나물과(Crassulaceae)

1	2	3	4	5	6	7	8	9	10	11	12

식물명	낙지다리
학 명	*Penthorum chinense* Pursh
별 명	낙지다리풀(북)
생활형	다년초
개화기	7월
화 색	황백색
초장, 초폭	60cm, 40cm
용 도	수생식물원, 수재 화단, 습지원
번식방법	종자, 삽목, 분주(봄, 가을)
생육적온	16~30℃
내한성	−18℃
광 요구도	양지
수분 요구도	많음
관리포인트	습지에 잘 자람.
비 고	약관심종임

13. 돌나물과(Crassulaceae)

1	2	3	4	5	6	7	8	9	10	11	12

식물명	기린초	번식방법	종자, 분주(봄, 가을), 삽목(줄기삽: 봄, 가을)
학 명	*Sedum kamtschaticum* Fisch. & Mey	생육적온	16~23℃
별 명	넓은잎기린초, 각시기린초	내한성	−15℃
생활형	다년초	광 요구도	양지
개화기	6~7월	수분 요구도	보통
화 색	황색	관리포인트	건조에 매우 강하나 습기에 약함 3~4년마다 분주해야 함
초장, 초폭	60cm, 40cm		
용 도	지피식물원, 암석원, 옥상정원		

13. 돌나물과(Crassulaceae)

1	2	3	4	5	6	7	8	9	10	11	12

식물명	땅채송화	번식방법	종자, 분주(봄, 가을), 삽목(줄기삽: 봄, 가을)
학 명	*Sedum oryzifolium* Makino	생육적온	16~23℃
별 명	제주기린초, 갯채송화	내한성	−15℃
생활형	다년초	광 요구도	양지
개화기	5~7월	수분 요구도	보통
화 색	황색	관리포인트	건조에 매우 강하나 습기에 약함
초장, 초폭	20cm, 20cm	비 고	퍼지는 속도가 매우 느림
용 도	암석원		

13. 돌나물과(Crassulaceae)

1 2 3 4 5 6 7 8 9 10 11 12

식물명 돌나물
학 명 *Sedum sarmentosum* Bunge.
별 명 돈나물
생활형 다년초
개화기 5~6월
화 색 황색
초장, 초폭 15cm, 15cm
용 도 지피식물원, 암석원

번식방법 종자, 분주(봄, 가을), 삽목(줄기삽: 봄, 가을)
생육적온 16~23℃
내한성 −15℃
광 요구도 양지
수분 요구도 보통
관리포인트 건조에 매우 강하나 습기에 약함
3~4년마다 분주해야 함

13. 돌나물과(Crassulaceae)

1	2	3	4	5	6	7	8	9	10	11	12

식물명	셈페르비붐 그란디플로룸
학 명	*Sempervivum grandiflorum* Haw.
영 명	Houseleek
생활형	다년초
개화기	7~8월
화 색	분홍색
초장, 초폭	20cm, 20cm
용 도	지피식물, 암석원, 옥상정원

번식방법	종자(10C, 2~6주), 분주(봄, 여름)
생육적온	16~23℃
내한성	−15℃
광 요구도	양지
수분 요구도	보통
관리포인트	건조에 매우 강하나 습기에 약함 3~4년마다 분주해야 함
비 고	개화한 주는 고사하나 영양번식에 의해 다년생으로 자람

1	2	3	4	5	6	7	8	9	10	11	12

식물명	독활
학 명	*Aralia cordata* var. *continentalis* (Kitag.) Y.C.Chu
별 명	땅두릅, 땃두릅, 뫼두릅나무, 돈나물
생활형	다년초
개화기	7~8월
화 색	녹색
초장, 초폭	1.5m, 1~2m
용 도	식용(어린 순), 화단용, Woodland Garden
번식방법	종자(20℃, 1~4개월, 저온층적 저장 후 파종), 분주
생육적온	16~30℃
내한성	−20℃
광 요구도	양지, 반음지
수분 요구도	보통관수
관리포인트	건조에 매우 강하나 습기에 약함 3~4년마다 분주해야 함
비 고	어린 순은 식용하여 흔히 땅두릅으로 부름 땅두릅은 독활에 비해 꽃 수와 열매 수가 많고 잎의 아랫 부분에 결각이 있는 경우가 있음

15. 마디풀과(Polygonaceae)

1	2	3	4	5	6	7	8	9	10	11	12

식물명	범꼬리
학 명	*Bistorta manshuriensis* (Petrov ex Kom.) Kom.
별 명	만주범의꼬리, 북범꼬리풀
생활형	다년초
개화기	7~8월
화 색	백색, 분홍색
초장, 초폭	80cm, 30cm
용 도	화단용, 지피식물원, 약용식물원, 약용
번식방법	종자, 분주(봄, 가을)
생육적온	16~25℃
내한성	−18℃
광 요구도	반음지
수분 요구도	보통
관리포인트	월동을 위하여 가을에 시든 꽃대를 잘라 줌 3~4년마다 분주해야 함 배수가 잘되는 토양

1	2	3	4	5	6	7	8	9	10	11	12

식물명	호장근
학 명	*Fallopia japonica* (Houtt.) Ronse Decr. (*Reynoutria japonica, Polygonum japonicum*)
영 명	Japanese knotweed
생활형	다년초
개화기	6~8월
화 색	백색
초장, 초폭	1~3m, 1~2m
용 도	Woodland Garden, 화단용
번식방법	종자(암수 딴그루 식물로 종자 맺기가 어려움) 분주
생육적온	16~30℃
내한성	−15℃
광 요구도	양지, 반음지
수분 요구도	보통
관리포인트	뿌리가 뻗어나가지 못하도록 밀폐하여 식재 풍뎅이류의 피해가 잘 나타나므로 방제가 필요함
비 고	뿌리는 천연 염색에 사용(황색)

15. 마디풀과(Polygonaceae)

1	2	3	4	5	6	7	8	9	10	11	12

식물명	무늬호장근
학 명	*Fallopia japonica* 'Variegata' (*Reynoutria elliptica, Polygonum japonicum*)
영 명	Variegated Japanese knotweed
생활형	다년초
개화기	6~10월
화 색	백색(잎색이 다양함)
초장, 초폭	1~2m, 1~2m
용 도	Woodland Garden, 화단용
번식방법	종자(암수 딴 그루 식물로 종자 맺기가 어려움) 분주
생육적온	16~30℃
내한성	−15℃
광 요구도	양지, 반음지
수분 요구도	보통
관리포인트	뿌리가 뻗어나가지 못하도록 밀폐하여 식재 풍뎅이류의 피해가 잘 나타나므로 방제가 필요함
비 고	뿌리는 천연 염색에 사용(황색)

1	2	3	4	5	4	7	8	9	10	11	12

식물명	털여뀌	용 도	분화용, 화단용
학 명	*Persicaria orientalis* (L.) Spach	번식방법	종자
별 명	붉은털여뀌, 노인장대, 말여뀌	생육적온	16~25℃
생활형	일년초	광 요구도	양지
개화기	7~8월	수분 요구도	보통
화 색	진분홍색	비 고	장마 때 도복하기 쉬우므로 지주를 세워줌
초장, 초폭	60cm, 50cm		

15. 마디풀과(Polygonaceae)

1	2	3	4	5	6	7	8	9	10	11	12

식물명	핑크 클로버
학 명	*Polygonum capitatum* Buch.-Ham. ex D.Don *(Persicaria capitata)*
영 명	Pinkhead, Smartweed
별 명	갯모밀, 개모밀
생활형	다년초
개화기	적온 시 연중 개화
화 색	백색, 분홍색
초장, 초폭	40cm, 30cm
용 도	화분용, 화단용, 지피식물원, 컨테이너용, 걸이화분
번식방법	종자, 분주(봄, 가을)
생육적온	16~25℃
내한성	5℃
광 요구도	반음지
수분 요구도	보통
관리포인트	배수가 잘되는 토양

1	2	3	4	5	6	7	8	9	10	11	12

식물명	타알리아 데알바타
학 명	*Thalia dealbata* J. Fraser.
영 명	Thalia
별 명	물칸나, 워터칸나
생활형	다년초
개화기	6~9월
화 색	자주색
초장, 초폭	80cm, 40cm
용 도	수생식물원, 분화용
번식방법	종자, 분주 (봄, 가을)
생육적온	10~21℃
내한성	10℃
광 요구도	반음지
수분 요구도	보통
관리포인트	습지에서 잘 자라며 공중 습도가 건조하지 않도록 주의 월동을 위하여 가을에 시든 꽃대를 잘라 줌 3~4년마다 분주함
비 고	흔히 물칸나, 워터칸나로 불리지만 잘못된 이름으로 물칸나는 *Canna. glauca*, *C. flaccida* 종을 의미함

17. 마름과(Trapaceae)

1	2	3	4	5	6	7	8	9	10	11	12

식물명	마름
학　명	*Trapa japonica* Flerow.
영　명	Water Caltrops, Water Chestnut
별　명	골뱅이
생활형	일년초
개화기	5월
화　색	백색
초장, 초폭	20cm, 40cm
용　도	수생식물원, 수재화단, 식용, 약용
번식방법	종자
생육적온	16~30℃
내한성	−15℃
광 요구도	양지
수분 요구도	많음
관리포인트	너무 밀집하게 자라지 않도록 함 물의 흐름이 정지된 상태 같은 하천이나 연못에서 자람
비　고	"잎모양이 마름모 같다" 하여 마름이라 부름 마름의 종자는 쪄서 먹으면 달콤한 맛이 나 예전에 구황작무로 즐겨 먹었음 중국에서는 이 종자를 이용해 술을 빚기도 함

18. 마타리과(Valerianaceae)

1	2	3	4	5	6	7	8	9	10	11	12

식물명	돌마타리	번식방법	종자
학 명	*Patrinia rupestris* (Pall.) Juss.	생육적온	13~23℃
		내한성	-18℃
생활형	다년초	광 요구도	양지
개화기	7~9월	수분 요구도	보통
화 색	황색	관리포인트	3~4년마다 분주해야 함 월동을 위하여 가을에 다 진 꽃대 제거 배수가 잘되는 토양
초장, 초폭	40cm, 30cm		
용 도	화단용, 암석원, 고산정원, 식용, 약용		

18. 마타리과(Valerianaceae)

1	2	3	4	5	6	7	8	9	10	11	12

식물명	마타리
학 명	*Patrinia scabiosaefolia* Fisch. ex Trevir.
영 명	Dahurian Patrinia
별 명	가양취, 미역취, 가얌취
생활형	다년초
개화기	7~8월
화 색	황색
초장, 초폭	1m, 40cm
용 도	화단용, 분화용
번식방법	종자, 분주
생육적온	13~23℃
내한성	−18℃
광 요구도	양지
수분 요구도	보통
관리포인트	배수가 잘되는 토양 월동을 위하여 가을에 다 진 꽃대 제거 3~4년마다 분주해야 함
비 고	'scabiosaefolia'는 솔체꽃의 잎을 닮았다는 뜻임 개화 시에 썩은 된장 냄새가 난다 하여 '패장'이라 불림

18. 마타리과(Valerianaceae)

1	2	3	4	5	4	7	8	9	10	11	12

식물명	뚝갈
학 명	*Patrinia villosa* (Thunb.) Juss.
영 명	White Flower Patrinia
별 명	뚝깔, 뚜깔, 흰미역취
생활형	다년초
개화기	7~8월
화 색	백색
초장, 초폭	80cm, 40cm
용 도	화단용, 분화용

번식방법	종자
생육적온	13~23℃
내한성	−18℃
광 요구도	양지
수분 요구도	보통
관리포인트	배수가 잘되는 토양 월동을 위하여 가을에 다 진 꽃대 제거 3~4년마다 분주해야 함

19. 마편초과(Verbenaceae)

1	2	3	4	5	6	7	8	9	10	11	12

식물명	버들마편초
학 명	*Verbena bonariensis* L.
영 명	Purpletop Vervain, Tall Verbena, Clustertop Vervain, Pretty Verben
별 명	브라질마편초
생활형	다년초
개화기	7~8월
화 색	분홍색
초장, 초폭	80cm, 40cm
용 도	화단용
번식방법	종자, 분주(봄, 가을)
생육적온	10~25℃
내한성	−10℃
광 요구도	양지
수분 요구도	보통(내건성 식물)
관리포인트	봄에 적심을 수행하면 분지 수가 늘어남 습한 여름에는 흰가루병이 잘 발생함

19. 마편초과(Verbenaceae)

1	2	3	4	5	6	7	8	9	10	11	12

식물명	버베나
학　명	*Verbena hybrida* Voss
영　명	Garden Verbena
생활형	추파 일,이년초
개화기	4~10월
화　색	분홍색, 황색, 백색 등 다양한 색
초장, 초폭	20cm, 30cm
용　도	화단용, 분화용
번식방법	종자, 삽목(봄, 가을)
생육적온	10~21℃
광 요구도	양지
수분 요구도	보통
관리포인트	관상가치와 개화기 연장을 위해 시든 꽃 제거해야 함

19. 마편초과(Verbenaceae)

1	2	3	4	5	6	7	8	9	10	11	12

식물명	숙근버베나
학 명	*Verbena rigida* Spreng. *(V. venosa)*
영 명	Tuberous Vervain, Sandpaper Verbena
생활형	다년초
개화기	7~10월
화 색	자주색
초장, 초폭	30cm, 30cm
용 도	화단용, 분화용, 암석원
번식방법	종자, 분주(봄, 가을), 삽목(줄기삽: 봄, 가을)
생육적온	10~21℃
내한성	−10℃
광 요구도	양지
수분 요구도	보통(내건성 강)
관리포인트	월동을 위하여 가을에 시든 꽃대를 잘라줌 3~4년마다 분주해야 함

1	2	3	4	5	6	7	8	9	10	11	12

식물명	일본삼지구엽초	용 도	Woodland Garden, 지피용, 허브원, 암석원
학 명	*Epimedium diphyllum* Lodd.	번식방법	분주
영 명	Bishop's Hat, Fairy wings	생육적온	16~30℃
생활형	다년초	내한성	−20℃
개화기	4~5월	광 요구도	반음지, 음지
화 색	백색	수분 요구도	보통
초장, 초폭	10~20cm, 30cm		

20. 매자나무과(Berberidaceae)

1	2	3	4	5	6	7	8	9	10	11	12

식물명	그랜디플로룸 삼지구엽초
학 명	*Epimedium grandiflorum* Morr.(*E. macrantum, E. violaceum*)
영 명	Longspur Epimedium, Barrenwort, Horney Goat Weed
생활형	다년초
개화기	4~5월
화 색	적색, 분홍색, 백색
초장, 초폭	30~50cm, 30cm
용 도	Woodland Garden, 지피용, 허브원, 식용, 약용
번식방법	분주
생육적온	16~30℃
내한성	−20℃
광 요구도	반음지, 양지
수분 요구도	보통
관리포인트	3~4년마다 분주해야 함

20. 매자나무과(Berberidaceae)

1	2	3	4	5	6	7	8	9	10	11	12

식물명	삼지구엽초
학 명	*Epimedium koreanum* Nakai (*E. grandiflorum* ssp. oreanum, *E. grandiflorum* f. *flavescens*)
영 명	Korean Epimedium
별 명	음양곽
생활형	다년초
개화기	4~5월
화 색	황색, 백색
초장, 초폭	40cm, 30cm
용 도	Woodland Garden, 지피용, 허브원, 식용, 약용
번식방법	분주
생육적온	16~30℃
내한성	−20℃
광 요구도	반음지, 양지
수분 요구도	보통
비 고	잎이 3개씩 3회 갈라지므로 삼지구엽초 환경부 지정 멸종위기식물

20. 매자나무과(Berberidaceae)

1	2	3	4	5	6	7	8	9	10	11	12

식물명	깽깽이풀
학 명	*Jeffersonia dubia* (Maxim.) Benth. & Hook.f. ex Baker & S.Moore
영 명	Chinese Twinleaf
별 명	깽이풀, 황련, 조황련
생활형	다년초
개화기	4~5월
화 색	적자색
초장, 초폭	30cm, 30cm

용 도	화단용, 분경, 약용
번식방법	종자(직파), 분주(봄, 가을)
생육적온	15~25℃
내한성	−18℃
광 요구도	반음지, 음지
수분 요구도	보통
관리포인트	배수가 잘된 토양
비 고	개미에 의해 종자가 퍼짐 파종 후 개화까지 3년 걸림 멸종위기 2급

21. 메꽃과(Convolvulaceae)

1	2	3	4	5	6	7	8	9	10	11	12

식물명	갯메꽃
학 명	*Calystegia soldanella* (L.) Roem. & Schultb. (*Convo-lvulus soldanella* L.)
영 명	Beach Morning Glory, Seashore False Bindweed
별 명	노편초근
생활형	다년초(덩굴성, 포복형)
개화기	5~6월
화 색	분홍색
초장, 초폭	15cm, 45~60cm(계속 뻗어나 감)
용 도	화단용, 지피용, 월가든
번식방법	종자(15℃, 가을-종피처리 후 파종), 삽목, 분주(봄)
생육적온	15~23℃
내한성	-15℃
광 요구도	양지, 반그늘
수분 요구도	보통, 공중 습도는 다습하게
관리포인트	바닷가 모래땅에 자생하나 토양 가리지 않음
비 고	꽃은 아침에 피었다가 오후에 오므라듬 다른 물체를 타고 올라가거나 옆으로 뻗음 따뜻한 지역에서는 잡초성이 강함

21. 메꽃과(Convolvulaceae)

1	2	3	4	5	6	7	8	9	10	11	12

식물명	삼색나팔꽃	번식방법	종자(13~18℃, 가을 파종 시 보온 필요)
학 명	*Convolvulus tricolor* L.		
영 명	Bindweed, Dwarf Convolvulus, Dwarf Morning Glory, Small Convolvulus	생육적온	16~30℃
		내한성	−15℃
		광 요구도	양지
		수분 요구도	보통
생활형	춘파 1년초	관리포인트	이식이 어려우므로 직파 석회 시용을 필요로 함 시든 꽃을 제거하여 개화기와 관상가치 향상
개화기	7~8월		
화 색	청색, 자주색, 적색, 분홍색, 백색		
초장, 초폭	30~40cm, 20~30cm	비 고	종자는 유독하므로 섭취 금지
용 도	분화용, 암석원, 걸이화분, Container		

21. 메꽃과(Convolvulaceae)

1	2	3	4	5	6	7	8	9	10	11	12

식물명	디콘드라
학 명	*Dichondra argentea* Humb. & Bonpl. ex Willd.
영 명	Dichondra, Kidneyweed, Ponysfoot
별 명	실버폴(은빛폭포), 에메랄드폴
생활형	다년초(덩굴성, 일년초 취급)
개화기	5~6월
화 색	백색
초장, 초폭	2.5~8cm, 90~120cm
용 도	걸이화분, 컨테이너, 윈도우 박스, 지피식물원
번식방법	종자, 분주(포복경), 삽목
생육적온	16~25℃
내한성	5℃
광 요구도	양지
수분 요구도	적음
관리포인트	서리가 내리지 않는 지역에서는 지피식물로 이용 지피식물로 이용할 때는 배수성 토양에 식재
비 고	*D. argentea* 'Silver Falls' 은빛 잎을 지님

21. 메꽃과(Convolvulaceae)

1	2	3	4	5	6	7	8	9	10	11	12

식물명	나팔꽃
학 명	*Pharbitis nil* (L.)
영 명	Choisy, Japanese Morning Glory
별 명	조안화, 견우화, 견우랑
생활형	덩굴성 일년초
개화기	7~9월
화 색	적자색, 남색, 연분홍색, 자주색 등 다양한 색
초장, 초폭	1m, 30cm
용 도	화단용, 초화원, 덩굴식물원, 울타리용, 약용
번식방법	종자
생육적온	16~30℃
내한성	-15℃ 종자월동
광 요구도	양지
수분 요구도	보통
관리포인트	배수가 잘되는 토양 선호 지주를 세워 타고 올라갈 수 있도록 함
비 고	많은 원예품종이 있음

22. 면마과(Dryopteridaceae)

1	2	3	4	5	6	7	8	9	10	11	12

식물명	관중
학 명	*Dryopteris crassirhizoma* Nakai
영 명	Crown Wood-Fern, Buckler Fern
별 명	면마, 호랑고비
생활형	다년초(양치류)
개화기	5~6월(포자)
화 색	갈색(포자낭)
초장, 초폭	50~100cm, 25~50cm
용 도	Woodland Garden, 지피용(음지), 식용(어린 잎)
번식방법	포자번식(20℃, 2~3개월), 분주
생육적온	16~30℃
내한성	-15℃
광 요구도	반음지, 음지
수분 요구도	보통(공중습도를 높게)
관리포인트	약산성-알칼리성 토양 선호 활착된 이후에는 내건성도 강
비 고	환경부 보호식물 2급

23. 명아주과(Chenopodiaceae)

1	2	3	4	5	6	7	8	9	10	11	12

식물명	꽃댑싸리
학 명	*Bassia scoparia*(L.) A.J.Scott f. *trichophylla*(Voss) S.L.Welsh(*Kochia scoparia* (L.) for. *trichophylla*)
영 명	Burning Bush, Fire Bush, Common Summer Cypress
별 명	답싸리
생활형	춘파일년초
개화기	7~8월
화 색	녹색(꽃), 적색(잎)
초장, 초폭	60~90cm, 30~45cm
용 도	수재화단, 경재단, 암석원, 경관식재, Phytoremediation, 식용(종자, 어린순)
번식방법	종자(16℃)
생육적온	16~30℃
광 요구도	양지
수분 요구도	보통 관수
비 고	긴 타원형으로 둥굴게 자라고 가을에 적자색 단풍이 아름다움 댑싸리(*B. scoparia* var. *scoparia*)는 1.5m까지 자라며 마당을 쓰는 빗자루로 사용

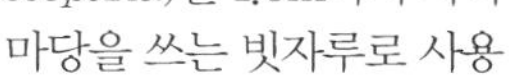

24. 무환자나무과(Sapindaceae)

1	2	3	4	5	6	7	8	9	10	11	12

식물명	풍선덩굴
학 명	*Cardiospemum halicacabum* L.
영 명	Balloon Vine, Love in a Puff, Heart Pea
별 명	풍선초
생활형	춘파 일년초(덩굴성)
개화기	7~8월
화 색	백색
초장, 초폭	2~3m, 7~15cm
용 도	트렐리스용, 울타리용, 덩굴식물원, 분식용
번식방법	종자(18~21℃, 1~2주, 봄, 24시간 침지 후 파종), 근삽(여름)
생육적온	16~30℃
내한성	종자월동, 7~10℃
광 요구도	양지
수분 요구도	많음, 과습에 약함
관리포인트	지주나 타고 올라갈 수 있는 것을 만들어 줌
비 고	풍선 같은 둥근 열매 따뜻한 지역에서는 다년초로 자람

25. 물양귀비과(Limnocharitaceae/Butomaceae)

1	2	3	4	5	6	7	8	9	10	11	12

식물명	물양귀비
학 명	*Hydrocleys nymphoides* (Humb. & Bonpl. ex Willd.) Buchenau
영 명	Water Poppy
생활형	다년초(수생식물)
개화기	7~9월
화 색	황색
초장, 초폭	15~30cm, 50~60cm
용 도	컨테이너용, 수생식물원
번식방법	종자(20℃), 삽목
생육적온	18~30℃
내한성	5℃
광 요구도	양지
수분 요구도	많음
관리포인트	18℃ 이하의 온도에서는 동면에 들어감 수온을 20~25℃로 유지해줘야 개화함
비 고	오전에 피고 저녁에 시들지만 지속적으로 개화함

26. 물옥잠과(Pontederiaceae)

1	2	3	4	5	6	7	8	9	10	11	12

식물명	부레옥잠
학 명	*Eichhornia crassipes* (Mart.) Solms
영 명	Water Hyacinth, Water Orchid
별 명	혹옥잠, 부평초
생활형	수생 다년초(부유식물)
개화기	8~9월
화 색	보라색
초장, 초폭	20~45cm, 45cm
용 도	수질정화용, 수생식물원, 식용
번식방법	분주, 종자(종피처리 필요)
	21~28℃(물의 온도가 34℃를 넘으면 견디지 못함)
내한성	10~13℃
광 요구도	양지
수분 요구도	많음
관리포인트	연못에서는 퍼지지 않도록 그물망 설치 서리가 내리기 전에 제거하거나 실내로 옮김
비 고	한 개의 꽃은 하루만 피었다 시듦 겨울이 따뜻한 지역에서는 잡초화됨

26. 물옥잠과(Pontederiaceae)

1	2	3	4	5	6	7	8	9	10	11	12

식물명	물옥잠
학 명	*Monochoria korsakowii* Regel & Maack
영 명	Korsakow Monochoria
별 명	부장(浮薔), 우구화(雨久花), 수파채, 람화초(藍花草), 압설초(鴨舌草), 물달래개비
생활형	일년초
개화기	9월
화 색	남색
초장, 초폭	30cm, 40cm
용 도	수재화단, 수생식물원
번식방법	종자, 분주(봄, 가을)
생육적온	16~25℃
광 요구도	양지
수분 요구도	많음
관리포인트	논과 늪의 물에서 자람 번식 조절해야 함 가을에 고사된 것을 제거해야 수질 오염 방지 됨
비 고	잎의 모양은 물옥잠이 둥글고 넓은 반면, 물달개비 잎이 좁고 길게 뻗어 있음

26. 물옥잠과(Pontederiaceae)

1	2	3	4	5	6	7	8	9	10	11	12

식물명	물달개비
학 명	*Monochoria vaginalis* var. *plantaginea*
영 명	Sheathed Monochoria
별 명	물닭개비
생활형	일년초
개화기	9월
화 색	남색
초장, 초폭	30cm, 40cm
용 도	수생식물원
번식방법	종자, 분주(봄, 가을)
생육적온	16~25℃
광 요구도	양지
수분 요구도	많음
관리포인트	논과 늪의 물속에서 자람 번식 조절해야 함 가을에 고사된 것을 제거해야 수질 오염 방지 됨
비 고	잎의 모양은 물옥잠이 둥글고 넓은 반면, 물달개비 잎이 좁고 길게 뻗어 있음

26. 물옥잠과(Pontederiaceae)

1	2	3	4	5	6	7	8	9	10	11	12

식물명	폰테데리아
학 명	*Pontederia cordata* L.
영 명	Pickerel Weed
별 명	피커럴위드, 고기풀
생활형	다년초
개화기	6~8월
화 색	청색, 자색
초장, 초폭	80cm, 40cm
용 도	분화용, 수생식물원, Bog Garden
번식방법	종자, 분주(봄, 가을)
생육적온	16~40℃
내한성	-25℃
광 요구도	양지
수분 요구도	많음
관리포인트	15~30cm 깊이의 물에 식재
비 고	cordata는 '심장형의'라는 뜻임

27. 미나리아재비과(Ranunculaceae)

1	2	3	4	5	6	7	8	9	10	11	12

식물명	투구꽃
학 명	*Aconitum jaluense* Kom. ssp. *jaluense*
영 명	Moon's Hook.
별 명	개싹눈바꽃, 그늘돌쩌귀, 선투구꽃, 세잎돌쩌귀, 싼눈바꽃, 진돌쩌귀
생활형	다년초
개화기	가을
화 색	청색, 보라색.
초장, 초폭	70~200cm, 45cm
용 도	약용, Woodland Garden

번식방법	종자(가을 직파), 분주(가을)
생육적온	15~25℃
내한성	−15℃
광 요구도	양지, 반음지
수분 요구도	토양이 마르지 않도록 주의
관리포인트	부식이 풍부한 흙에 식재 활착되면 특별한 관리 요하지 않음 꽃대에 지주 세우기 개화 후 오래된 꽃은 제거
비 고	독초(지하부), 어린이 손길이 닿지 않도록 주의

27. 미나리아재비과(Ranunculaceae)

1	2	3	4	5	6	7	8	9	10	11	12

식물명	노루삼
학 명	*Actaea asiatica* H. Hara.
생활형	다년초
개화기	6월
화 색	흰색(열매 흑색)
초장, 초폭	40~70cm, 30cm
용 도	Woodland Garden, Mixed Border, 수변식재
번식방법	종자(가을에 성숙 후에 과육 제거한 다음 파종, 해를 넘긴 종자는 발아율이 떨어짐) 분주(봄)
생육적온	16~30℃
내한성	−15℃
광 요구도	반음지
수분 요구도	보통
관리포인트	부식이 풍부한 토양에 건조하지 않도록 주의
비 고	유독성 식물

27. 미나리아재비과(Ranunculaceae)

1	2	3	4	5	6	7	8	9	10	11	12

식물명	루브라 노루삼
학 명	*Actaea rubra* (Aiton) Willd.
영 명	Red Baneberry, Chinaberry, Doll's Eye, Snake Berry
생활형	다년초
개화기	6월
화 색	흰색(열매 적색)
초장, 초폭	80cm, 30cm
용 도	Woodland Garden, Mixed Border, 수변식재
번식방법	종자(가을에 성숙 후에 과육 제거한 다음 파종, 해를 넘긴 종자는 발아율이 떨어짐), 분주(봄)
생육적온	16~30℃
내한성	−15℃
광 요구도	반음지
수분 요구도	보통
관리포인트	부식이 풍부한 토양에 건조하지 않도록 주의
비 고	유독성 식물

27. 미나리아재비과(Ranunculaceae)

1	2	3	4	5	6	7	8	9	10	11	12

식물명	복수초
학 명	*Adonis amurensis* Regel & Radde)
영 명	Amur Adonis
별 명	눈색이꽃, 눈꽃송이
생활형	다년초
개화기	1~4월(지역에 따라 다름)
화 색	황색
초장, 초폭	5~40cm, 10~20cm
용 도	분화용, Woodland Garden, 이른 봄 정원용, 암석원
번식방법	종자(5월 채종 후 부식이 풍부한 토양에 바로 파종 또는 노천매장 후 봄 파종, 중온–저온–중온 요구), 분주(가을)
생육적온	15~20℃
내한성	−20℃
광 요구도	개화 시는 양지, 이후 반그늘
수분 요구도	보통
관리포인트	배수가 잘 되면서 수분이 충분히 유지되도록 관수
비 고	① 경기 북부 4월 초, 중순 개화 ② 백두대간 표고 약 800m 이상 되는 고산지역: 왜성, 1월 말~2월 초순(소형화) ③ 계룡산, 칠갑산, 모악산, 충청도의 해안 및 도서지역: 1월 말~2월 중순, 대형화(5~7cm) 흐린날은 꽃이 펼쳐지지 않음 파종 시 개화까지 4~5년 소모됨

27. 미나리아재비과(Ranunculaceae)

1	2	3	4	5	6	7	8	9	10	11	12

식물명	청바람꽃
학 명	*Anemone blanda* Schott et Kotschy 'Atrocaerula'
영 명	Windflower
별 명	청아네모네
생활형	추식구근
개화기	봄(3~4월)
화 색	청색
초장, 초폭	10~20cm, 15cm
용 도	분화용, 화단용, 컨테이너용
번식방법	분주
생육적온	10~25℃
내한성	−9℃
광 요구도	양지, 반음지
수분 요구도	보통
관리포인트	생장 기간 동안 토양이 건조되지 않게 관리
비 고	겨울 온실재배 시에는 5℃ 이상 유지 흰색, 보라색 꽃도 있음

27. 미나리아재비과(Ranunculaceae)

1	2	3	4	5	6	7	8	9	10	11	12

식물명	아네모네
학 명	*Anemone coronaria* L.
영 명	Poppy Anemone, Windflower
생활형	추식구근
개화기	4~5월
화 색	청색
초장, 초폭	25~40cm, 15cm
용 도	화단용, 분화용
번식방법	분주, 종자(12~15℃, 25℃ 이상 발아 억제)
생육적온	10~21℃
내한성	5℃
광 요구도	반그늘, 약간의 광을 요함
수분 요구도	보통 관리
관리포인트	식재 방향 주의(뾰족한 부분이 아래쪽) 뿌리 발근 후 이식금지 정식 후 7일 정도 마르지 않도록 충분히 관수
비 고	겨울철 온실 재배

27. 미나리아재비과(Ranunculaceae)

1	2	3	4	5	6	7	8	9	10	11	12

식물명 대상화
학 명 *Anemone* x *hybrida* Hort.
영 명 Japanese Anemone
생활형 다년초
개화기 7~9월
화 색 흰색, 적색, 분홍색
초장, 초폭 1.2~1.5m
용 도 화단용, 절화용, Woodland Garden

번식방법 분주(봄), 근삽(봄), 종자(솜털 제거한 후 파종)
생육적온 10~25℃
내한성 −15℃
광 요구도 양지, 반음지
수분 요구도 보통 관수
비 고 *A. hupehensis* var. *japonica* x *A. vitifolia*의 교배종

27. 미나리아재비과(Ranunculaceae)

1	2	3	4	5	6	7	8	9	10	11	12

식물명	분홍매화펑의다리
학 명	*Anemonella thalictroides* (L.) Spach. 'Oscar schoaf'
영 명	Rue Anemone
생활형	추식구근
개화기	4월
화 색	흰색, 분홍색, 녹색
초장, 초폭	10~15cm, 30cm
용 도	Woodland Garden, 암석원, 분화용
번식방법	종자(여름), 분주(가을)
생육적온	15~25℃
내한성	−15℃
광 요구도	반음지
수분 요구도	보통관수
관리포인트	부식이 풍부한 비옥한 토양 습한 토양에서는 괴경이 썩을 수 있음
비 고	*Anemonella thalictroides* 'Double Green' 초록매화펑의다리

27. 미나리아재비과(Ranunculaceae)

1	2	3	4	5	6	7	8	9	10	11	12

식물명	매발톱
학 명	*Aquilegia buergeriana* var. *oxysepala* (Trautv. & Meyer) Kitam.
영 명	Columbine
별 명	루두채, 주례꿀
생활형	다년초
개화기	5~7월
화 색	자주색, 황색
초장, 초폭	50~100cm, 30~50cm
용 도	화단용, Woodland Garden, 수생식물원
번식방법	종자(봄, 가을), 분주(4월)
생육적온	16~25℃
내한성	−15℃
광 요구도	양지(개화기), 반음지
수분 요구도	보통 관수
관리포인트	고온기에 생육 상태 불량해짐 가을에 서늘해지면 새싹이 올라옴 진흙질 토양에서 생육 불량
비 고	파종에서 개화까지 2년 이상 소요 자연적으로 교잡되어 많은 변이종이 발생함

27. 미나리아재비과(Ranunculaceae)

1	2	3	4	5	6	7	8	9	10	11	12

식물명 푸밀라 매발톱
학 명 *Aquilegia flabellata* S. et Z. var. *pumila* Kudo
영 명 Fan Columbine
별 명 하늘매발톱
생활형 다년초
개화기 4~5월
화 색 청색
초장, 초폭 25~30cm, 30cm
용 도 분화용, 화단용, Woodland Garden, 고산식물원

번식방법 종자(봄, 가을), 분주(4월)
생육적온 16~23℃
내한성 −15℃
광 요구도 양지(개화기), 반음지
수분 요구도 보통 관수
관리포인트 고온기에 생육상태 불량해짐
가을에 서늘해지면 새싹이 올라옴
진흙질 토양에서 생육 불량
비 고 종자에서 개화까지 2년 소요
하늘매발톱에 비해 화관부 색이 흰색으로 원예종

1	2	3	4	5	6	7	8	9	10	11	12

식물명	서양매발톱
학 명	*Aquilegia hybrida*
영 명	Columbine
생활형	다년초
개화기	5~7월
화 색	자주색, 황색, 분홍색, 적색, 흰색 등 다양
초장, 초폭	10~90cm, 30~60cm
용 도	화단용, Woodland Garden, 수생식물원
번식방법	종자(봄, 가을), 분주(4월)
생육적온	16~25℃
내한성	−15℃
광 요구도	양지(개화기), 반음지(생장기)
수분 요구도	보통 관수
관리포인트	고온기에 생육 상태 불량해짐 가을에 서늘해지면 새싹이 올라옴 진흙질 토양에서 생육 불량
비 고	개화까지 2년 이상 소요 종자번식 시 자연교잡으로 인해 변이종 발생 *A. vulgaris* var. *stellata* 겹꽃서양매발톱

27. 미나리아재비과(Ranunculaceae)

1	2	3	4	5	6	7	8	9	10	11	12

식물명	하늘매발톱
학 명	*Aquilegia japonica* Nakai & H. Hara
영 명	Korean Fan Columbine
별 명	산매발톱, 골매발톱, 시베리아매발톱
생활형	다년초
개화기	7~8월
화 색	청색
초장, 초폭	30cm, 50cm
용 도	분화용, 화단용, Woodland Garden, 고산식물원
번식방법	종자(봄, 가을), 분주(4월)
생육적온	16~23℃
내한성	−15℃
광 요구도	양지(개화기), 반음지
수분 요구도	보통 관수
관리포인트	고온기에 생육상태 불량해짐 가을에 서늘해지면 새싹이 올라옴 진흙질 토양에서 생육 불량
비 고	석회암 지대 자생 종자에서 개화까지 2년 소요

27. 미나리아재비과(Ranunculaceae)

1	2	3	4	5	6	7	8	9	10	11	12

식물명	동의나물
학 명	*Caltha palustris* L. var. *palustris* (*C. palustris var. membranacea* Turcz.)
영 명	Yellow Marsh Marigold, Meadow Bright, Kingcup
별 명	동이나물, 얼개지(강원 영월), 얼갱이(강원 정선)
생활형	다년초
개화기	4~5월
화 색	황색
초장, 초폭	50~60cm, 38~45cm
용 도	수재화단, 수생식물원, 습지원, Bog Garden,
번식방법	종자(여름 채종 후 직파-마르지 않게 주의) 분주(이른 봄, 늦여름)
생육적온	16~25℃
내한성	-15℃
광 요구도	양지
수분 요구도	많음(연못가, 계류지, 습지에 자생)
관리포인트	건조되지 않도록 주의 습지의 점질토양에서 땅속 줄기가 잘 뻗음
비 고	개화 후에 가죽질의 잎으로 크게 자람 곰취와 혼동되는 유독식물로 생식 금지 곰취와 곤달비는 잎 가장자리 톱니가 날카로우나 동의나물은 비교적 둥근 잎이 혁질이며 잎줄기가 전체적으로 자색을 띰

27. 미나리아재비과(Ranunculaceae)

1	2	3	4	5	6	7	8	9	10	11	12

식물명	왜승마
학 명	*Cimicifuga japonica* (Thunb.) Spreng. (*Actaea japonica* Thunb.)
영 명	Japanese Bugbane
생활형	다년초
개화기	7~8월
화 색	백색
초장, 초폭	60~80cm, 30~50cm
용 도	Woodland Garden
번식방법	종자(15℃, 2~4주, 가을 직파), 분주(봄)
생육적온	16~30℃
내한성	−25℃
광 요구도	음지, 반음지
수분 요구도	보통
비 고	유사종으로 촛대승마, 승마, 눈빛승마 등이 있음

27. 미나리아재비과(Ranunculaceae)

1	2	3	4	5	6	7	8	9	10	11	12

식물명	병조희풀
학 명	*Clematis heracleifolia* DC.
영 명	Old Man's Beard, Traveller's Joy, Virgin's Bower
별 명	목단풀, 선모란풀
생활형	다년초
개화기	8~9월
화 색	자주색
초장, 초폭	75~130cm, 50cm
용 도	Woodland Garden, 화단용
번식방법	종자, 삽목, 취목
생육적온	16~30℃
내한성	−15℃
광 요구도	양지, 반음지
수분 요구도	보통

27. 미나리아재비과(Ranunculaceae)

1	2	3	4	5	6	7	8	9	10	11	12

식물명	클레마티스	용 도	트렐리스용, 울타리용, 창문화단용, 벽정원용
학 명	*Clematis hybrids*	번식방법	종자, 삽목, 취목
영 명	Old Man's Beard, Traveller's Joy, Virgin's Bower	생육적온	16~30℃
별 명	위령선, 큰꽃으아리, 꽃으아리	내한성	품종에 따라 다양함
생활형	다년초(덩굴성)	광 요구도	양지, 반음지
개화기	5~7월	수분 요구도	보통
화 색	적색, 자주색, 분홍색, 청색, 백색 등 다양한 색	관리포인트	봄에 완효성 비료 시비 가을철 지상부 제거
초장, 초폭	줄기가 4m 정도 자람, 1m	비 고	다양한 원예종이 있음

27. 미나리아재비과(Ranunculaceae)

1	2	3	4	5	6	7	8	9	10	11	12

식물명	참으아리
학 명	*Clemtis terniflora* DC.
영 명	Sweet Autumn Clematis
별 명	저슬사리, 왕으아리, 국화으아리
생활형	다년초(덩굴성)
개화기	7~9월
화 색	백색
초장, 초폭	줄기가 5m 정도 자람, 1m
용 도	트렐리스용, 울타리용, 창문 화단용, 벽정원용
번식방법	종자, 삽목, 취목
생육적온	16~30℃
내한성	−15℃
광 요구도	양지, 반음지
수분 요구도	보통
관리포인트	봄에 완효성 비료 시비 가을철 지상부 제거
비 고	다양한 원예종이 있음

27. 미나리아재비과(Ranunculaceae)

1	2	3	4	5	6	7	8	9	10	11	12

식물명	델피늄
학 명	*Delphinium hybridum* Hort.
영 명	Candle Delphinium, Candle Larkspur
생활형	다년초
개화기	7~8월
화 색	백색, 분홍색, 보라색, 청색
초장, 초폭	60~180cm, 45~90cm
용 도	절화용, 화단용
번식방법	종자(13℃, 봄), 분주, 삽목
생육적온	13~23℃
내한성	−15℃
광 요구도	양지
수분 요구도	보통
관리포인트	개화 후 절단 시 재개화할 수 있음

27. 미나리아재비과(Ranunculaceae)

1	2	3	4	5	6	7	8	9	10	11	12

식물명	크리스마스로즈
학 명	*Helleborus niger* L.
영 명	Christmas Rose, Black Hellebore
생활형	다년초(상록)
개화기	2~3월
화 색	백색
초장, 초폭	30cm, 45cm
용 도	Woodland Garden, 지피식물원
번식방법	종자(18개월 소요), 분주(가을)
생육적온	16~30℃
내한성	-15℃
광 요구도	반음지, 양지
수분 요구도	보통
관리포인트	번식이 어려움 산성 토양을 싫어하므로 석회를 시용 6~7년 정도 기른 후 분주
비 고	종자에서 개화까지 3년 소요 독성이 강한 식물이므로 소량이라도 식용 금지 개화 이후에 화포가 지속적으로 남아 있어 관상 기간이 김

27. 미나리아재비과(Ranunculaceae)

1	2	3	4	5	6	7	8	9	10	11	12

식물명	사순절장미
학 명	*Helleborus orientalis* Lam.
영 명	Lenten Rose
생활형	다년초(상록)
개화기	3~4월
화 색	자주색, 분홍색, 녹색, 백색
초장, 초폭	45~60cm, 45cm
용 도	분화용, Woodland Garden, 지피식물원
번식방법	종자(18개월 소요), 분주(가을)
생육적온	16~30℃
내한성	−15℃
광 요구도	반음지, 양지
수분 요구도	보통
관리포인트	번식이 어려움 산성 토양을 싫어하므로 석회를 시용 6~7년 정도 기른 후 분주하는 게 적당함
비 고	종자에서 개화까지 3년 소요 독성이 강한 식물이므로 소량이라도 식용 금지 개화 후에 화포가 남아 있어 관상 기간이 매우 김

27. 미나리아재비과(Ranunculaceae)

1	2	3	4	5	6	7	8	9	10	11	12

식물명	노루귀
학 명	*Hepatica asiatica* Nakai
별 명	장이세신
생활형	다년초
개화기	3~5월
화 색	분홍색, 자주색, 백색
초장, 초폭	15cm, 15cm
용 도	분화용, Woodland Garden, 낙엽수목 하부식재
번식방법	종자(층적저장 + 저온, 10℃, 1~12개월 소요), 분주
생육적온	15~25℃
내한성	−15℃
광 요구도	반음지(개화 시에는 양지)
수분 요구도	보통
관리포인트	부식이 풍부하고 배수가 잘 되는 토양
비 고	이른봄 잎보다 꽃이 먼저 핌 새싹의 모습이 노루의 귀를 닮았다 하여 노루귀

27. 미나리아재비과(Ranunculaceae)

1	2	3	4	5	6	7	8	9	10	11	12

식물명	섬노루귀
학 명	*Hepatica maxima* Nakai
별 명	큰노루귀, 왕노루귀
생활형	다년초
개화기	3~5월
화 색	분홍색, 자주색, 백색
초장, 초폭	15~30cm, 15cm
용 도	분화용, Woodland Garden, 낙엽수목 하부식재
번식방법	종자(층적저장 + 저온, 10℃, 1~12개월 소요), 분주
생육적온	15-25℃
내한성	-15℃
광 요구도	반음지(개화 시에는 양지)
수분 요구도	보통
관리포인트	부식이 풍부하고 배수가 잘 되는 토양
비 고	노루귀보다 크기가 크고 총포가 발달

27. 미나리아재비과(Ranunculaceae)

1	2	3	4	5	6	7	8	9	10	11	12

식물명	흑종초
학 명	*Nigella damascena* L.
영 명	Love-In-Mist, Devil-In-The-Bush.
생활형	일년초
개화기	5~7월 중순
화 색	백색, 남색
초장, 초폭	50cm, 20cm
용 도	화단용, 절화용, 건조화용, 약용
번식방법	종자
생육적온	15~25℃
광 요구도	양지, 반음지
수분 요구도	많음
관리포인트	배수가 잘된 토양, 통풍이 잘 되어야 함
비 고	종자가 검다고 해서 흑종초라 부름 열매가 풍선처럼 생김 어린이들에게 흥미를 끌 수 있어 어린이정원에 쓰임

27. 미나리아재비과(Ranunculaceae)

1	2	3	4	5	6	7	8	9	10	11	12

식물명	분홍할미꽃
학 명	*Pulsatilla dahurica* (Fisch. ex DC.)
별 명	산할미
생활형	다년초
개화기	5월
화 색	분홍색
초장, 초폭	30cm, 30cm
용 도	화단용, 분화용, 지피식물원, 약용식물원
번식방법	종자, 분주(봄, 가을)
생육적온	16~25℃
내한성	−18℃
광 요구도	양지
수분 요구도	보통
관리포인트	환기 요함
비 고	직근이어서 이식하기 곤란함

27. 미나리아재비과(Ranunculaceae)

1	2	3	4	5	6	7	8	9	10	11	12

식물명	할미꽃
학 명	*Pulsatilla koreana*(Yabe ex Nakai) Nakai ex Mori
별 명	노고초, 가는할미꽃
생활형	다년초
개화기	4~5월
화 색	붉은 자주색
초장, 초폭	30cm, 30cm
용 도	화단용, 분화용, 지피식물원, 약용식물원, 암석원, 약용
번식방법	종자, 분주(봄, 가을)
생육적온	15~25℃
내한성	−18℃
광 요구도	양지
수분 요구도	보통
관리포인트	직근성으로 이식을 싫어함 석회질 토양 선호
비 고	종자 모양이 할머니 머리카락 같아 부름

27. 미나리아재비과(Ranunculaceae)

1	2	3	4	5	6	7	8	9	10	11	12

식물명	동강할미꽃
학 명	*Pulsatilla tongkangensis* *Y. N. Lee & T. C. Lee*
생활형	다년초
개화기	4월 초
화 색	분홍색
초장, 초폭	30cm, 30cm
용 도	화단용, 분화용, 지피식물원, 약용식물원, 고산식물원, 암석원,

번식방법	종자, 분주(봄, 가을)
생육적온	16~25℃
내한성	−18℃
광 요구도	양지
수분 요구도	보통
관리포인트	직근성으로 옮겨심는 것을 싫어하며 석회질 토양을 선호함
비 고	멸종위기종 암술과 수술은 수가 할미꽃에 비해서는 적음. 화색에 다양한 변이가 존재함

27. 미나리아재비과(Ranunculaceae)

1	2	3	4	5	6	7	8	9	10	11	12

식물명	유럽할미꽃
학 명	*Pulsatilla vulgaris* L.
영 명	Common Pasque Flower, Dane's Blood
생활형	다년초
개화기	4월 초
화 색	자주색
초장, 초폭	30cm, 30cm
용 도	화단용, 분화용, 지피식물원, 약용식물원, 고산식물원
번식방법	종자, 분주(봄, 가을)
생육적온	15~25℃
내한성	−18℃
광 요구도	양지
수분 요구도	보통
비 고	할미꽃보다 잎이 더 가늘게 갈라져 선형이며 꽃이 하늘을 향해 핌

27. 미나리아재비과(Ranunculaceae)

1	2	3	4	5	6	7	8	9	10	11	12

식물명	라넌큘러스	초장, 초폭	40cm, 30cm
학 명	*Ranunculus asiaticus* L. (*R. bulbosus*)	용 도	화단용, 분화용
영 명	Persian Buttercup, Crowfoot	번식방법	종자, 분구(봄, 가을)
생활형	구근류	생육적온	5~20℃
개화기	4~5월	내한성	5℃
화 색	백색, 황색, 다양한 색	광 요구도	양지
		수분 요구도	많음
		관리포인트	충분한 관수와 배수를 요함

27. 미나리아재비과(Ranunculaceae)

1	2	3	4	5	6	7	8	9	10	11	12

식물명	바위미나리아재비
학 명	*Ranunculus crucilobus* H. Lev.
별 명	구름미나리아재비, 산젓가락나물, 왕젓가락나물, 바위젓가락나물
생활형	다년초
개화기	5~7월
화 색	황색
초장, 초폭	40cm, 30cm
용 도	화단용, 분화용, 고산식물원, 암석원
번식방법	종자, 분주 (봄, 가을)
생육적온	15~25℃
내한성	−18℃
광 요구도	양지
수분 요구도	보통
관리포인트	월동을 위하여 가을에 시든 꽃대를 제거해야 함 3~4년마다 분주해야 함
비 고	특산식물

27. 미나리아재비과(Ranunculaceae)

1	2	3	4	5	6	7	8	9	10	11	12

식물명	은꿩의다리
학 명	*Thalictrum actaefolium* var. *brevistylum* Nakai
생활형	다년초
개화기	7월
화 색	백색
초장, 초폭	80cm, 30cm
용 도	자생식물원, 식용, 약용
번식방법	종자, 분주(봄, 가을)
생육적온	16~30℃
내한성	−15℃
광 요구도	양지
수분 요구도	많음
관리포인트	배수가 잘된 토양 월동을 위하여 가을에 시든 꽃대 제거해야 함 3~4년마다 분주함

27. 미나리아재비과(Ranunculaceae)

1	2	3	4	5	6	7	8	9	10	11	12

식물명	꿩의다리
학 명	*Thalictrum aquilegifolium* var. *sibiricum* Regel & Tiling
별 명	아시아꿩의다리, 한라꿩의다리, 가락풀(북)
생활형	다년초
개화기	7~8월
화 색	백색
초장, 초폭	80cm, 40cm
용 도	자생식물원, 식용, 약용
번식방법	종자, 분주(봄, 가을)
생육적온	16~30℃
내한성	−15℃
광 요구도	양지
수분 요구도	많음
관리포인트	월동을 위하여 가을에 시든 줄기를 제거해야 함
비 고	aquilegifolium은 '매발톱 꽃속의 잎과 비슷한'이라는 뜻임

27. 미나리아재비과(Ranunculaceae)

1	2	3	4	5	6	7	8	9	10	11	12

식물명	연잎꿩의다리
학 명	*Thalictrum coreanum* H. Lev.
별 명	돈잎꿩의다리, 좀연잎꿩의다리, 련잎가락풀(북), 련잎꿩의다리(중)
생활형	다년초
개화기	7~8월
화 색	연분홍
초장, 초폭	60cm, 40cm
용 도	희귀식물원, 식용, 약용

생육적온	16~30℃
내한성	-15℃
광 요구도	양지
수분 요구도	많음
관리포인트	월동을 위하여 가을에 시든 꽃대 잘라 주어야 함 3~4년마다 분주함
비 고	한국특산식물로 멸종위기 2급종 잎 모양이 연잎 모양이어서 '연잎꿩의다리'라 부름

27. 미나리아재비과(Ranunculaceae)

1	2	3	4	5	6	7	8	9	10	11	12

식물명	산꿩의다리	용 도	자생식물원, 식용, 약용
학 명	*Thalictrum filamentosum* var. *tenerum* (Huth) Ohwi	번식방법	종자, 분주(봄, 가을)
		생육적온	16~30℃
별 명	개산꿩의다리, 개삼지구엽초, 산가락풀	내한성	-15℃
		광 요구도	양지
생활형	다년초	수분 요구도	많음
개화기	7~8월	관리포인트	월동을 위하여 가을에 시든 꽃대를 제거해야 함
화 색	백색		
초장, 초폭	80cm, 40cm	비 고	filamentosum는 '실 모양의' 라는 뜻임

27. 미나리아재비과(Ranunculaceae)

1	2	3	4	5	6	7	8	9	10	11	12

식물명	금꿩의다리
학 명	*Thalictrum rochebrunianum* var. *grandisepalum* (H. Lev.) Nakai
별 명	금가락풀(북)
생활형	다년초
개화기	7~8월
화 색	연한자주색
초장, 초폭	80cm, 30cm
용 도	자생식물원, 식용, 약용
번식방법	종자, 분주(봄, 가을)
생육적온	16~30℃
내한성	−15℃
광 요구도	양지
수분 요구도	많음
관리포인트	월동을 위하여 가을에 시든 꽃대를 제거해야 함
비 고	특산식물 꿩의다리에 비해 수술의 색이 노란색

27. 미나리아재비과(Ranunculaceae)

1	2	3	4	5	6	7	8	9	10	11	12

식물명	자주꿩의다리
학　명	*Thalictrum uchiyamai* Nakai
별　명	자주가락풀
생활형	다년초
개화기	6~8월
화　색	자주색
초장, 초폭	80cm, 30cm
용　도	자생식물원, 식용, 약용

번식방법	종자, 분주(봄, 가을)
생육적온	16~30℃
내한성	−15℃
광 요구도	반음지
수분 요구도	많음
관리포인트	배수가 잘된 토양 월동을 위하여 가을에 시든 꽃대를 잘라줌 3~4년 마다 분주함

27. 미나리아재비과(Ranunculaceae)

1	2	3	4	5	6	7	8	9	10	11	12

식물명	금매화
학 명	*Trollius ledebourii* Rchb.
생활형	다년초
개화기	7~8월
화 색	황색
초장, 초폭	60cm, 40cm
용 도	지피식물원, 자생식물원, 고산식물원
번식방법	종자, 분주(봄, 가을)
생육적온	16~25℃
내한성	−15℃
광 요구도	개화까지 양지에 있어야 하고 개화 후에는 반음지가 좋음
수분 요구도	많음
관리포인트	습한 것을 좋아하므로 수태에 재배하기도 함

28. 바늘꽃과(Onagraceae)

1	2	3	4	5	6	7	8	9	10	11	12

식물명	분홍바늘꽃
학 명	*Epilobium angustifolium* L.*(E. spicatum, Chama-enerionangustifolium)*
영 명	Rosebay Willow Herb, Fireweed, Great Willow Herb
생활형	다년초
개화기	7~8월
화 색	분홍색, 백색
초장, 초폭	1.5~2m, 1m
용 도	화단용, 암석원, 고산식물원, 경관식재
번식방법	종자, 분주, 삽목(봄)
생육적온	16~30℃
내한성	-20℃
광 요구도	양지
수분 요구도	보통
관리포인트	시든 꽃 제거로 개화 촉진 꽃대를 중간 정도 잘라주면 다시 개화함

28. 바늘꽃과(Onagraceae)

1	2	3	4	5	6	7	8	9	10	11	12

식물명	가우라
학　명	*Gaura lindheimeri* Engelm. et A. Gray
영　명	Gaura, Wand Flower
별　명	바늘꽃
생활형	다년초
개화기	6~10월
화　색	분홍색, 백색
초장, 초폭	60~150cm, 60~90cm
용　도	화단용, 컨테이너용, 분화용, 경관식재용
번식방법	종자, 분주(봄)
생육적온	16~30℃
내한성	−7℃
광 요구도	양지
수분 요구도	보통
관리포인트	토양의 배수성이 나쁘면 뿌리 썩음 발생 시든 꽃을 제거하면 개화기가 길어짐
비　고	개화 기간이 매우 김 군식으로 식재하거나 다른 식물과 혼합 식재 흰색은 분홍색에 비해 내한성이 강함 *G. lindheimeri* 'Siskiyou Pink' 분홍가우라 *G. lindheimeri* 'Whirling Butterflies' 흰가우라

28. 바늘꽃과(Onagraceae)

1	2	3	4	5	6	7	8	9	10	11	12

식물명	물앵초
학 명	*Ludwigia peploides* (Kunth) P. H. Raven
영 명	Floating Primrose Willow, Creeping Water Primrose, Marsh Purslane
생활형	일년초
개화기	7~8월
화 색	황색
초장, 초폭	40cm, 40cm
용 도	수재화단, 수생식물원
번식방법	종자, 분주
생육적온	16~22℃
내한성	5℃
광 요구도	양지
수분 요구도	많음
관리포인트	생장이 왕성하므로 생장조절을 해야 함
비 고	겨울철 실내에서는 다년초로 생장함

28. 바늘꽃과(Onagraceae)

1	2	3	4	5	6	7	8	9	10	11	12

식물명	흰달맞이꽃
학 명	*Oenothera caespitosa* Nutt.
영 명	Tufted Evening Primrose, Fragrant Evening Primrose.
생활형	다년초
개화기	5~6월
화 색	백색
초장, 초폭	20cm, 20cm
용 도	화단용

번식방법	종자, 삽목, 분주(봄, 가을)
생육적온	16~30℃
내한성	−18℃
광 요구도	양지
수분 요구도	보통
관리포인트	배수가 잘되는 토양 월동을 위하여 가을에 시든 꽃대를 잘라주어야 함 3~4년마다 분주해야 함
비 고	늦은 점심에 피어 그 다음 날 아침 꽃이 짐

28. 바늘꽃과(Onagraceae)

1	2	3	4	5	6	7	8	9	10	11	12

식물명	키달맞이꽃
학 명	*Oenothera fruticosa* L.
영 명	Narrowleaf Evening Primrose, Sundrops
별 명	황금달맞이꽃
생활형	다년초
개화기	6~8월
화 색	황색
초장, 초폭	1m, 30cm
용 도	화단용

번식방법	종자, 삽목(봄, 줄기삽)
생육적온	16~30℃
내한성	−18℃
광 요구도	양지
수분 요구도	보통
관리포인트	배수가 잘되는 토양 월동을 위하여 가을에 다 진 꽃대 제거해야 함 3~4년마다 분주해야 함

28. 바늘꽃과(Onagraceae)

1	2	3	4	5	6	7	8	9	10	11	12

식물명	애기달맞이꽃
학 명	*Oenothera laciniata* Hill
영 명	Evening Primrose
별 명	좀달맞이꽃
생활형	이년초
개화기	5~7월
화 색	연황색
초장, 초폭	30cm, 30cm
용 도	화단용
번식방법	종자
생육적온	16~30℃
내한성	−18℃
광 요구도	양지
수분 요구도	보통
관리포인트	배수가 잘되는 토양 관상가치와 개화기 연장을 위해 시든 꽃 제거

28. 바늘꽃과(Onagraceae)

1	2	3	4	5	6	7	8	9	10	11	12

식물명	분홍달맞이꽃
학 명	*Oenothera speciosa* var. *childsii* Nutt.
영 명	White Evening Primrose, Mexican E.P
별 명	낮달맞이꽃
생활형	다년초
개화기	5~9월
화 색	분홍색
초장, 초폭	30cm, 40cm
용 도	화단용, 분화용

번식방법	종자
생육적온	16~30℃
내한성	5℃
광 요구도	양지
수분 요구도	보통
관리포인트	배수가 잘되는 토양 관상가치와 개화기 연장을 위해 시든 꽃 제거해야 함 3~4년마다 분주해야 함 낮에 개화 함

29. 박과(Cucurbitaceae)

1	2	3	4	5	6	7	8	9	10	11	12

식물명	표주박
학 명	*Lagenaria leucantha* var. *gourda* Makino
영 명	Bottle Gourd
별 명	긴조롱박, 속명 ,고포, 표과
생활형	덩굴성 일년초
개화기	7~9월
화 색	백색
초장, 초폭	2m, 40cm
용 도	덩굴식물원, 식용, 공예용

번식방법	종자(봄, 25~30℃)
생육적온	20~35℃
광 요구도	양지
수분 요구도	보통
관리포인트	덩굴성 식물로 지지대가 필요함 다비성 식물로 식재 전에 완효성 비료 시용해야 함

29. 박과(Cucurbitaceae)

1	2	3	4	5	6	7	8	9	10	11	12

식물명	수세미오이
학 명	*Luffa cylindrica* Roem. (*Momordica cylindrica* L.)
영 명	Sponge Gourd, Dishcloth Gourd, Smooth Loofah,
별 명	수세미외
생활형	덩굴성 일년초
개화기	7~9월
화 색	황색
초장, 초폭	1m, 40cm
용 도	수세미 주방용, 덩굴식물원
번식방법	종자(봄)
생육적온	16~30℃
내한성	5℃
광 요구도	양지
수분 요구도	보통
관리포인트	덩굴성 식물로 지지대가 필요함 다비성 식물로 식재 전에 완효성 비료 시용해야 함

29. 박과(Cucurbitaceae)

1	2	3	4	5	6	7	8	9	10	11	12

식물명	여주
학 명	*Momordica charantia* L.
영 명	Bitter Cucumber, Balsam Pear, La-Kwa, Bitter Gourd,
별 명	긴여주, 여지, 여자 , 유자
생활형	덩굴성 일년초
개화기	6월
화 색	황색
초장, 초폭	1m, 30cm
용 도	화단용, 덩굴식물원, 식용, 약용
번식방법	종자
생육적온	16~30℃
내한성	5℃
광 요구도	양지
수분 요구도	보통
관리포인트	타고 올라갈 수 있는 지주 설치 필요함

1	2	3	4	5	6	7	8	9	10	11	12

식물명	하늘타리
학 명	*Trichosanthes kirilowii* Maxim.
영 명	Mongolian Snakegourd
별 명	쥐참외, 하눌수박, 하늘수박, 자주꽃하눌수박
생활형	덩굴성 다년초
개화기	7~8월
화 색	백색
초장, 초폭	1m, 30cm
용 도	울타리용, 식용, 덩굴식물원, 약용
번식방법	종자
생육적온	16~30℃
내한성	−15℃
광 요구도	양지
수분 요구도	보통
관리포인트	타고 올라갈 수 있는 지주 세워 주어야 함 가을에 고사한 지상부 제거 해야 함

30. 박주가리과(Asclepiadaceae)

1	2	3	4	5	6	7	8	9	10	11	12

식물명	금관화
학 명	*Asclepias currasavica* L.
영 명	Blood Flower, Swallow Wort, Matal, Indian Root, Bastard Pecacuanha
생활형	다년초(온실 상록아관목)
개화기	4~9월(온실에서는 연중개화)
화 색	적색(화관), 황색(부화관)
초장, 초폭	70cm~2m, 60cm
용 도	절화용, 분화용, 화단용
번식방법	종자(16~18℃), 분주 삽목(5~6월, 물에 침지 후 삽목)
생육적온	16~30℃
내한성	10℃
광 요구도	양지
수분 요구도	적음
비 고	흰색 유액은 독성이 있고 피부발진, 가려움을 야기할 수 있음 *A. tuberosa* 황색꽃

1	2	3	4	5	6	7	8	9	10	11	12

식물명	큰풍선초
학 명	*Gomphocarus physocarpus* E. H. Mey. (*Aslcepias physocarpus*)
영 명	Balloon Plant, Swan Plant, Balloon Cotton Bush
별 명	불알꽃
생활형	일년초(낙엽성 반관목)
개화기	7~8월
화 색	백색
초장, 초폭	2m, 30~60cm
용 도	관실용, 절화용, 화단용
번식방법	종자(13~18℃), 삽목(봄)
생육적온	16~30℃
내한성	2℃
광 요구도	양지
수분 요구도	많음(생장기)
관리포인트	겨울에는 습하지 않게 관리
비 고	풍선 모양의 열매(8~9월)를 관상 식물체는 독성이 있으므로 식용금지

31. 백합과(Liliaceae)

1	2	3	4	5	6	7	8	9	10	11	12

식물명	아가판투스
학 명	*Agapanthus africanus* (L.) Hoffmanns
영 명	African Blue Lily, African Lily, Lily of the Nile
생활형	상록다년초
개화기	7~8월
화 색	청색, 보라색, 흰색
초장, 초폭	60~90cm, 45cm
용 도	분화용, 화단용
번식방법	종자, 분주
생육적온	16~30℃
내한성	0℃
광 요구도	양지
수분 요구도	보통
관리포인트	배수성이 좋으나 수분이 충분한 토양에 식재 온실재배, 낙엽 등으로 두껍게 멀칭하여 보온 활착되면 내건성이 좋아짐 개화 후에는 관수량을 줄여서 휴면에 대비 뿌리 부위에 달팽이가 잘 숨음
비 고	종자에서 개화까지 2~3년 소요 흰꽃아가판서스 'Albus'

1	2	3	4	5	6	7	8	9	10	11	12

식물명	알리움 기간테움
학 명	*Allium giganteum* Reg.
영 명	Ornamental Onion, Giant Onion
생활형	추식 구근
개화기	4~5월
화 색	분홍, 보라
초장, 초폭	1~2m, 15cm
용 도	절화용, 화단용, 암석원
번식방법	종자(13°C), 자구 번식
생육적온	10–23°C
내한성	–15C
광 요구도	양지
수분 요구도	보통, 배수가 잘되는 토양
관리포인트	꽃대 올라오면서 잎이 말라 죽으므로 다른 식물과 혼식하여 잎을 가릴 필요가 있음 겨울철은 건조하게 유지 흰가루병 주의
비 고	10~12cm의 테니스 공만한 크기의 꽃이 핌

31. 백합과(Liliaceae)

1	2	3	4	5	6	7	8	9	10	11	12

식물명	산마늘	번식방법	분주(가을), 종자(층적저장 후 파종)
학 명	*Allium microdictyon* Prokh.	생육적온	8~20℃
별 명	명이나물, 맹이	내한성	-15℃
생활형	다년초	광 요구도	양지, 반음지
개화기	5~7월	수분 요구도	보통
화 색	흰색, 황색	관리포인트	고온다습에 약함
초장, 초폭	20~70cm,	비 고	잎에서 마늘 냄새가 남 내륙형-잎이 좁고 섬유질이 연함 울릉도형-잎이 넓고 둥근형이며 섬유질이 강함
용 도	Alpine Garden, 지피식물원, 허브정원		

1	2	3	4	5	6	7	8	9	10	11	12

식물명	차이브
학 명	*Allium schoenoprasum* L.
영 명	Chives, Cive
별 명	꽃파, 중국파
생활형	구근
개화기	5~7월
화 색	분홍색
초장, 초폭	30~60cm, 10~20cm
용 도	식용, 화단용, 허브정원, 암석원, 지피식물원
번식방법	분주
생육적온	16~25℃
내한성	−15℃
광 요구도	양지
수분 요구도	보통

31. 백합과(Liliaceae)

1	2	3	4	5	6	7	8	9	10	11	12

식물명	두메부추
학 명	*Allium senescens* L. var. *senescens*
별 명	두메달래, 설병파
생활형	다년초
개화기	7~8월
화 색	분홍색
초장, 초폭	20~30cm, 10~20cm
용 도	식용, 허브정원, 암석원, 지피식물원
번식방법	종자(20℃), 분주
생육적온	15~23℃
내한성	-15℃
광 요구도	양지
수분 요구도	보통
관리포인트	과습에 약하므로 배수성이 좋은 토양 식재
비 고	멸종위기종

1	2	3	4	5	6	7	8	9	10	11	12

식물명	산부추
학 명	*Allium thunbergii* G.Don
별 명	참산부추(강원도)
생활형	다년초(인경)
번식방법	종자, 분주
개화기	8~9월
화 색	홍자색
용 도	암석원, Woodland Garden, 허브정원
초장, 초폭	30~60cm, 10cm
생육적온	16~30℃
내한성	−20℃
광 요구도	양지, 반음지
수분 요구도	보통 관수
관리포인트	과습에 약하므로 배수성이 좋은 토양 식재 잡초와 경합에 약하므로 주변 잡초 제거
비 고	잎이 질겨 식감이 떨어짐

31. 백합과(Liliaceae)

1	2	3	4	5	6	7	8	9	10	11	12

식물명	알스트로메리아
학 명	*Alstroemeria hybrida.*
영 명	Peruvian Lily, Lily of the Incas, Brazilian Parrot Lily
별 명	페루백합
생활형	추식구근
개화기	6~7월
화 색	황색, 적색, 보라색, 분홍색 등 다양한 색
초장, 초폭	1~2m, 75cm
용 도	절화용, 화단용
번식방법	종자(25℃ 4주 층적 후 10℃ 저장 후 파종), 분주
생육적온	18~30℃
내한성	−10℃
광 요구도	양지, 반음지
수분 요구도	충분히 관수
관리포인트	늦여름/초가을 15~20cm 깊이로 식재(멀칭 보온) 겨울에는 관수량을 줄일 것 수분 보유력이 좋으면서도 배수성 있는 토양 건조한 토양에서는 생장이 나쁨 작업 시 뿌리 손상 주의(잘 부서짐)
비 고	민감한 피부에는 트러블 발생할 수 있으므로 주의

1	2	3	4	5	6	7	8	9	10	11	12

식물명	비짜루
학 명	*Asparagus schoberioides* Kunth.
별 명	비찌개나물, 밀풀
생활형	다년초
개화기	5~6월
화 색	녹색
초장, 초폭	50~100cm
용 도	화단용, 허브정원
번식방법	실생(25℃, 3~6주, 12시간 정도 물에 침지 후 파종) 분주
생육적온	16~30℃
내한성	−15℃
광 요구도	양지, 반음지
수분 요구도	충분 관수, 건조에 강함
관리포인트	암수딴그루로 함께 심어야 열매를 볼 수 있음
비 고	깃털처럼 갈라진 잎과 붉은 열매의 관상

31. 백합과(Liliaceae)

1	2	3	4	5	6	7	8	9	10	11	12

식물명	키오노독사
학 명	*Chionodoxa forbesii* Baker (*C.gigantea, C.luciliae*)
영 명	Glory of the Snow
별 명	눈의 영광
생활형	추식 구근
개화기	3~4월
화 색	청색, 분홍색, 백색
초장, 초폭	15cm, 5cm
용 도	분화용, 화단용, Woodland Garden, 암석원, 잔디원
번식방법	종자, 분구
생육적온	10~23℃
내한성	−15℃
광 요구도	양지, 반음지
수분 요구도	보통
관리포인트	건조시키지 말 것 개화 후에는 꽃대를 잘라 주어 구근 비대를 촉진시켜 다음 년도 개화를 좋게 함
비 고	독성이 있으므로 식용 금지 *C.forbesii* 'Pink Giant' 분홍색 꽃

1	2	3	4	5	6	7	8	9	10	11	12

식물명	콜치쿰
학 명	*Colchicum hybridum* Hort.
영 명	Autumn Crocus, Meadow Saffron, Naked Ladies
별 명	연필상사화
생활형	추식 구근
개화기	8~9월
화 색	분홍색
초장, 초폭	15~20cm, 10cm
용 도	화단용, 수경용, 분화용, 암석원, 잔디원
번식방법	분구(여름), 종자
생육적온	16~25℃
내한성	−15℃
광 요구도	양지
수분 요구도	보통
관리포인트	여름이나 초가을에 구근 식재(배수성 토양) 다른 식물과 혼합 식재하는 것이 관상 면에서 좋음
비 고	초봄에 잎이 나오며 여름에 휴면에 들어감 잎이 없는 상태에서 가을에 개화 종자에서 콜히친(colchicine)을 추출하며 구근은 피부 알레르기를 발생시키는 경우도 있음

31. 백합과(Liliaceae)

1	2	3	4	5	6	7	8	9	10	11	12

식물명	은방울꽃	번식방법	분주, 종자(과육 제거 후 파종, 직파)
학 명	*Convallaria keiskei* Miq.	생육적온	16~30℃
영 명	Lily of the Valley	내한성	양지(개화기), 반음지 (생장기)
별 명	영란, 오월화, 향수화, 초옥란, 초롱꽃	광 요구도	양지, 반음지
생활형	다년초	수분 요구도	보통
개화기	4~5월	비 고	꽃 향기가 은은함 혼동하기 쉬운 산마늘에 비해 독초이며 잎이 질김
화 색	백색		
초장, 초폭	15~25cm,		
용 도	화단용, 분화용, 야생식물원, 지피식물원		

1	2	3	4	5	6	7	8	9	10	11	12

식물명	독일은방울꽃
학 명	*Convallaria majalis* L.
영 명	Lily of the Valley, May-Lily
생활형	다년초
개화기	5~6월
화 색	백색
초장, 초폭	15~25cm, 30cm
용 도	지피용, 화단용, 암석원, 분화용, 절화용(부케)
번식방법	분주(가을), 종자(과육 제거 후 파종, 직파)
생육적온	16~30℃
내한성	-20℃
광 요구도	반음지, 음지
수분 요구도	보통
관리포인트	부식질을 풍부하게 공급할 것
비 고	종자, 잎 식용 금지(독초) 유럽에서는 봄 부케용으로 사용함 *C. majalis* 'Variegata' 'Albostriata' 잎 무늬종 *C. majalis* var. *rosea*-분홍색 꽃

31. 백합과(Liliaceae)

1	2	3	4	5	6	7	8	9	10	11	12

식물명	윤판나물
학 명	*Disporum uniflorum Baker*
영 명	Yellow Fairy Bells
별 명	큰가지애기나리, 대애기나리
생활형	다년초
개화기	4~5월
화 색	황색
초장, 초폭	30~60cm, 60cm
용 도	Woodland Garden, 화단용, 식용(어린순)
번식방법	분주(근경, 봄), 종자 (가을, 15C, 3~6개월 소요)
생육적온	16~30℃
내한성	−15℃
광 요구도	반음지(여름), 양지(봄, 가을)
수분 요구도	보통
비 고	*D. sessile* D. Don var. *sessile* 윤판나물아재비

31. 백합과(Liliaceae)

1	2	3	4	5	6	7	8	9	10	11	12

식물명	얼레지
학　명	*Erythronium japonicum* (Balrer) Decne.
영　명	Dog-Tooth Violet, Trout Lily, Katakuri
별　명	가재무릇
생활형	구근류(인경)
개화기	4월
화　색	보라색
초장, 초폭	25cm, 25cm
용　도	Woodland Garden, 분화용, 식용
번식방법	분구(여름), 종자(채종 후 직파 또는 층적 저장 후)
생육적온	15~25℃
내한성	-15℃
광 요구도	반음지
수분 요구도	보통
관리포인트	부엽이 풍부하고 배수가 잘 되는 토양 선호
비　고	발아에서 개화까지 3~4년 소모

31. 백합과(Liliaceae)

1	2	3	4	5	6	7	8	9	10	11	12

식물명	프리틸라리아
학 명	*Fritillaria imperialis* L.
영 명	Crown Imperial, Imperial Fritillary
별 명	왕패모
생활형	추식 구근
개화기	4~5월
화 색	적색, 주황색, 황색
초장, 초폭	60~100cm, 25~30cm
용 도	화단용, 분화용, 절화용, 컨테이너용, 암석원
번식방법	분구, 종자(가을)
생육적온	10~25℃
내한성	-10℃, 5℃(유묘)
광 요구도	양지
수분 요구도	적음
관리포인트	물이 구근에 고이지 않도록 비스듬히 식재 배수가 나쁘면 구근이 썩기 쉬우므로 주의 구근이 부서지기 쉬우므로 굴취하지 않는 게 좋음
비 고	꽃에서 악취(냄새)가 남

1	2	3	4	5	6	7	8	9	10	11	12

식물명	패모
학 명	*Fritillaria ussuriensis* Maxim.
영 명	Ussuri Fritillary
별 명	조선패모, 검나리, 검정나리
생활형	추식구근
개화기	5월
화 색	백색, 자주색
초장, 초폭	25cm
용 도	화단용, 분화용, 절화용, 컨테이너용, 암석원
번식방법	분구, 종자(가을)
생육적온	10~25℃
내한성	-15℃, 5℃(유묘)
광 요구도	양지
수분 요구도	보통
관리포인트	물이 구근에 고이지 않도록 비스듬히 식재 배수가 나쁘면 구근이 썩기 쉬우므로 주의 구근이 부서지기 쉬우므로 굴취하지 않는 게 좋음
비 고	비늘 줄기의 모양이 조개가 여러 개 모인 것 같다고 하여 '패모'라 부름

31. 백합과(Liliaceae)

1	2	3	4	5	6	7	8	9	10	11	12

식물명	처녀치마
학 명	*Heloniopsis koreana* Fuse & al.
별 명	치맛자락풀, 치마풀
생활형	다년초
개화기	4월
화 색	분홍색
초장, 초폭	15~20cm, 15~20cm
용 도	분화용, 고산식물원, Woodland Garden
번식방법	종자(가을 직파), 분주(봄)
생육적온	16~30℃
내한성	−15℃
광 요구도	반음지
수분 요구도	보통
관리포인트	가을 채종하여 부엽이 많고 보습성 토양에 직파 낙엽수 하부에 식재
비 고	꽃대가 낮게 개화하다가 약 50cm까지 자람 한국 특산식물

1	2	3	4	5	6	7	8	9	10	11	12

식물명	각시원추리
학 명	*Hemerocallis dumortieri* Morren
영 명	Early Daylily
별 명	가지원추리, 꽃대원추리
생활형	다년초
개화기	6~7월
화 색	황색, 주황색
초장, 초폭	30~50cm, 65cm
용 도	화단용, 경관식재용, 식용, 약용, 지피식물원
번식방법	종자(가을), 분주(봄)
생육적온	16~30℃
내한성	−15℃
광 요구도	양지, 반음지
수분 요구도	보통
관리포인트	3~4년마다 포기나누기를 실시하여 활력유지 진딧물이 많이 끼므로 진딧물 방제약 살포
비 고	식용 꽃으로 우울증 치료제로 사용됨 한 개의 꽃은 하루만 피고 진다 하여 원추리라 함 한국특산식물

31. 백합과(Liliaceae)

1	2	3	4	5	6	7	8	9	10	11	12

식물명	원추리
학 명	*Hemerocallis fulva* (L.) L.
영 명	Orange Daylily, Tawny Daylily, Fulvous Daylily
별 명	들원추리, 넘나물
생활형	다년초
개화기	7월
화 색	황색, 주황색
초장, 초폭	30~90cm, 1.2m
용 도	화단용, 경관식재용, 식용, 약용, 지피식물원
번식방법	종자(가을), 분주(봄)
생육적온	16~30℃
내한성	−15℃
광 요구도	양지
수분 요구도	보통
관리포인트	3~4년마다 포기나누기를 실시하여 활력유지 진딧물이 많이 끼므로 진딧물 방제약 살포
비 고	식용 꽃으로 우울증 치료제로 사용됨 한 개의 꽃은 하루만 피고 진다 하여 원추리라 함

1	2	3	4	5	6	7	8	9	10	11	12

식물명 왕원추리
학 명 *Hemerocallis fulva* for. *kwanso* (Regel) Kitam.
영 명 Orange Daylily, Tawny Daylily, Fulvous Daylily
별 명 가지원추리, 겹원추리
생활형 다년초
개화기 7월
화 색 주황색
초장, 초폭 40~100cm, 1.2m
용 도 화단용, 경관식재용, 식용, 약용, 지피식물원

번식방법 종자(가을), 분주(봄)
생육적온 15~25℃
내한성 −15℃
광 요구도 양지
수분 요구도 보통
관리포인트 3~4년마다 포기나누기를 실시하여 활력유지
진딧물이 많이 끼므로 진딧물 방제약 살포
비 고 식용 꽃으로 우울증 치료제로 사용됨
원추리에 비해 꽃이 크고 겹꽃인 경우도 있음

31. 백합과(Liliaceae)

1	2	3	4	5	6	7	8	9	10	11	12

식물명	데이릴리
학 명	*Hemerocallis hybrida* Hort.
영 명	Daylily
별 명	꽃원추리
생활형	다년초
개화기	5~6월 또는 연중 개화
화 색	백색, 황색, 주황색, 자주색, 적색, 분홍색
초장, 초폭	30~120cm, 1.2m
용 도	화단용, 경관식재용, 지피식물원
번식방법	종자(가을), 분주(봄)
생육적온	16~30℃
내한성	−15℃
광 요구도	양지
수분 요구도	보통
관리포인트	3~4년마다 포기나누기를 실시하여 활력유지 진딧물이 많이 끼므로 진딧물 방제약 살포
비 고	30,000종 이상의 원예 품종이 있음

1	2	3	4	5	6	7	8	9	10	11	12

식물명	호스타
학 명	*Hosta hybridum* Hort.
영 명	Fragrant Plantain Lily, August Lily
생활형	다년초
개화기	8~9월
화 색	자주색, 분홍색, 백색
초장, 초폭	30~100cm, 20~50cm
용 도	화단용, Woodland Garden, 지피용
번식방법	종자, 분주(3~5년 주기)
생육적온	16~25℃
내한성	-15℃
광 요구도	반음지
수분 요구도	보통
관리포인트	특별한 관리를 요하지 않으나 고온에 약함
비 고	다양한 원예품종이 있음

31. 백합과(Liliaceae)

1	2	3	4	5	6	7	8	9	10	11	12

식물명	비비추
학 명	*Hosta longipes* (Franch. & Sav.) Matsum.
영 명	Plantain lily
생활형	다년초
개화기	7~8월
화 색	자주색
초장, 초폭	50cm, 50cm
용 도	화단용, 지피식물원
번식방법	종자, 분주
생육적온	16~25℃
내한성	−15℃
광 요구도	양지, 반음지
수분 요구도	보통
관리포인트	특별한 관리를 요하지 않으나 여름 고온에 약함
비 고	나물은 연하고 향긋하며 감칠 맛이 남

1	2	3	4	5	6	7	8	9	10	11	12

식물명	옥잠화
학 명	*Hosta plantaginea* Asch.
영 명	Fragrant Plantain Lily, August lily
생활형	다년초
개화기	8~9월
화 색	백색
초장, 초폭	50cm, 50cm
용 도	화단용, Woodland Garden, 채소원, 지피식물원
번식방법	종자, 분주(3~5년 주기)
생육적온	16~25℃
내한성	-15℃
광 요구도	양지, 반음지
수분 요구도	보통
관리포인트	특별한 관리를 요하지 않으나 여름 고온에 약함

31. 백합과(Liliaceae)

1	2	3	4	5	6	7	8	9	10	11	12

식물명	스패니시블루벨
학 명	*Hyacinthoides hispanica* (Mill.) Rothm. *(Scilla campanulata)*
영 명	Spanish Bluebell, Hispanic Bluebell, Wood Hyacinth
별 명	블루벨
생활형	추식구근
개화기	4~5월
화 색	청색, 백색
초장, 초폭	40~50cm, 10cm
용 도	Woodland Garden, 잔디원, 암석원
번식방법	종자, 분주
생육적온	15~25℃
내한성	−15℃
광 요구도	양지, 반음지
수분 요구도	보통
관리포인트	여름에는 건조하게 관리 개화 후 꽃대를 자르면 구근 비대를 도와줌
비 고	독성 식물로 식용 금지

1	2	3	4	5	6	7	8	9	10	11	12

식물명	히아신스
학 명	*Hyacinthus orientalis* L.
영 명	Hyacinth, Garden Hyacinth
생활형	추식구근
개화기	3~5월
화 색	청색, 분홍색, 황색, 적색, 백색
초장, 초폭	20~30cm, 8~10cm
용 도	분화용, 화단용, 컨테이너용
번식방법	분구
생육적온	10~23℃
내한성	−15℃
광 요구도	양지, 반음지
수분 요구도	보통
관리포인트	구근을 한 자리에 지속적으로 식재하면 개화하는 꽃의 수가 줄어듬 겨울에 토양이 습하지 않도록 주의
비 고	독성 식물로 식용 금지

31. 백합과(Liliaceae)

1	2	3	4	5	6	7	8	9	10	11	12

식물명 향기별꽃
학 명 *Ipheion uniflorum* (Lindl.) Raf. *(Triteleia uniflora)*
영 명 Spring Starflower
별 명 보라향기별꽃, 자화부추, 아이페이온
생활형 추식구근
개화기 3~4월
화 색 보라색, 청색, 백색
초장, 초폭 15~20cm, 15~20cm
용 도 분화용, 컨테이너용, 암석원, 지피식물원, 잔디정원

번식방법 종자(봄), 분구(가을)
생육적온 15~25℃
내한성 −10℃
광 요구도 양지, 반음지
수분 요구도 보통
관리포인트 비옥하고 배수가 잘되는 토양에 식재
서리에 장시간 노출되면 피해
12℃ 이상에서 상록성 유지
비 고 부추를 닮은 잎에서 부추향이 남
늦봄에 휴면기에 들어감
I. uniflorum 'Wisley Blue' 보라향기별꽃

31. 백합과(Liliaceae)

1	2	3	4	5	6	7	8	9	10	11	12

식물명	니포피아
학 명	*Kniphofia uvaria* Hook
영 명	Tritoma, Torch Lily, Red Hot Poker
별 명	트리토마
생활형	다년초
개화기	7~9월
화 색	황색, 주황색
초장, 초폭	120cm, 60cm
용 도	화단용, 절화

번식방법	종자, 분주(봄, 가을)
생육적온	15~25℃
내한성	0℃
광 요구도	양지
수분 요구도	보통
관리포인트	비옥한 토양 3~4년마다 분주해야 함 월동을 위하여 가을에 다 진 꽃대 제거해야 함

31. 백합과(Liliaceae)

1	2	3	4	5	6	7	8	9	10	11	12

식물명	섬말나리
학 명	*Lilium hansonii* Leichtlin ex Baker
영 명	Japanese Turks-Cap Lily
별 명	섬나리, 성인봉나리
생활형	추식구근
개화기	6~7월
화 색	황적색
초장, 초폭	80cm, 40cm
용 도	화단용, 구근원, 식용, 약용
번식방법	종자, 분구(봄, 가을)
생육적온	16~30℃
내한성	−18℃
광 요구도	반음지, 양지
수분 요구도	보통
관리포인트	3~4년마다 분구해야 함 월동을 위하여 가을에 시든 꽃대 제거해야 함
비 고	취약종, 울릉도에서 자라기에 섬말나리라 부름

31. 백합과(Liliaceae)

1	2	3	4	5	6	7	8	9	10	11	12

식물명 나리류
학 명 *Lilium hybridum* Hort.
영 명 Asiatic Lilies, Oriental Lilies
별 명 아시아틱 백합
생활형 추식구근
개화기 5~6월
화 색 백색, 적색, 황색 등 다양한 색
초장, 초폭 80cm, 40cm
용 도 화단용, 꽃꽂이용, 구근원

번식방법 목자, 인편
생육적온 10~25℃
내한성 −18℃
광 요구도 반음지, 양지
수분 요구도 보통
관리포인트 3~4년마다 분구해야 함
월동을 위하여 가을에 다 진 꽃대 제거해야 함
비 고 아시아계 나리와 오리엔탈계 나리가 있음

31. 백합과(Liliaceae)

1	2	3	4	5	6	7	8	9	10	11	12

식물명	참나리
학 명	*Lilium lancifolium* Thunb.
영 명	Tiger Lily
별 명	백합, 나리, 알나리, 권단, 야백합, 호랑나리
생활형	추식구근
개화기	7~8월
화 색	황적색
초장, 초폭	80cm, 40cm
용 도	화단용, 구근원, 식용, 약용
번식방법	목자, 인편, 주아
생육적온	16~25℃
내한성	−18℃
광 요구도	반음지, 양지
수분 요구도	보통
관리포인트	키가 커서 쓰러질 수 있으므로 지주대 설치해야 함 3~4년마다 분구해야 함 월동을 위하여 가을에 시든 꽃대를 제거해야 함

1	2	3	4	5	6	7	8	9	10	11	12

식물명	나팔나리
학 명	*Lilium longiflorum* Thunb.
영 명	Trumpet Lily, White Trumpet Lily
별 명	부활절백합, 백향나리, 왕나리
생활형	추식구근
개화기	5~6월
화 색	백색
초장, 초폭	1m, 40cm
용 도	화단용, 절화용, 꽃꽂이용, 구근원
번식방법	목자, 인편
생육적온	10~25℃
내한성	−18℃
광 요구도	반음지, 양지
수분 요구도	보통
관리포인트	월동을 위하여 가을에 시든 꽃대를 제거해야 함 3~4년마다 분구해야 함
비 고	longiflorum 긴 꽃의 뜻임

31. 백합과(Liliaceae)

1	2	3	4	5	6	7	8	9	10	11	12

식물명	맥문동
학 명	*Liriope platyphylla* F. T. Wang & T. Tang
영 명	Broadleaf Liriope
별 명	알꽃맥문동, 넓은잎맥문동
생활형	다년초
개화기	5~6월
화 색	분홍색
초장, 초폭	50cm, 40cm
용 도	화단용, 약용, 약용식물원, 지피식물원,
번식방법	종자, 분주
생육적온	10~21℃
내한성	−18℃
광 요구도	반음지
수분 요구도	보통
관리포인트	내건성 식물로 배수가 잘되어야 함 3~4년마다 분주해야 함
비 고	*L. platyphylla* 'Variegata' 무늬맥문동

1	2	3	4	5	6	7	8	9	10	11	12

식물명	무스카리
학 명	*Muscari ameniacum* Leichtlin ex Baker
영 명	Grape Hyacinth
생활형	추식구근
개화기	4~5월
화 색	남색
초장, 초폭	20cm, 20cm
용 도	화단용, 구근원
번식 방법	종자, 분구(봄, 가을)
생육적온	5~15℃
내한성	−18℃
광 요구도	반음지, 양지
수분 요구도	보통
관리포인트	월동을 위하여 가을에 시든 꽃대 제거해야 함 3~4년마다 분구해야 함 건조에 강함
비 고	ameniacum는 아르메니아의 뜻임

31. 백합과(Liliaceae)

1	2	3	4	5	6	7	8	9	10	11	12

식물명	흰무스카리
학 명	*Muscari botryoides* (L.) Mill. var. *album* Hort.
영 명	White Grape Hyacinth
별 명	흰꽃무스카리
생활형	추식구근
개화기	3~4월
화 색	백색
초장, 초폭	20cm, 20cm
용 도	화단용, 구근원
번식방법	종자, 분구(봄, 가을)
생육적온	5~15℃
내한성	−18℃
광 요구도	반음지, 양지
수분 요구도	보통
관리포인트	월동을 위하여 가을에 시든 꽃대 제거해야 함 3~4년마다 분구해야 함
비 고	botryoides는 총상과 비슷함 album은 흰색이란 뜻

1	2	3	4	5	6	7	8	9	10	11	12

식물명	소엽맥문동
학 명	*Ophiopogon japonicus* (L.f.) Ker Gawl.
영 명	Dwarf Lilyturf, Mondo Grass
별 명	애란, 왜란, 겨우사리맥문동, 좁은맥문동, 긴잎맥문동
생활형	다년초
개화기	5월
화 색	분홍색
초장, 초폭	10cm, 10cm
용 도	화단용, 분화용, 지피식물원
번식방법	종자, 분주(봄, 가을)
생육적온	10~21℃
내한성	5℃
광 요구도	반음지
수분 요구도	보통
관리포인트	배수가 잘되는 토양 건조에 강함

31. 백합과(Liliaceae)

1	2	3	4	5	6	7	8	9	10	11	12

식물명	흑룡
학 명	*Ophiopogon planiscapus* 'Nigrascence'
영 명	Dragon Arabicus, Black Dragon
생활형	다년초
개화기	5~6월
화 색	분홍색
초장, 초폭	10cm, 10cm
용 도	화단용, 분화용, 지피식물원
번식방법	종자, 분주(봄, 가을)
생육적온	10~21℃
내한성	−15℃
광 요구도	반음지
수분 요구도	보통
관리포인트	월동을 위하여 가을에 시든 꽃대 제거해야 함 3~4년마다 분주해야 함 배수가 잘되는 토양, 건조에 강함

1	2	3	4	5	6	7	8	9	10	11	12

식물명	진황정
학 명	*Polygonatum falcatum* A.Gray.
별 명	대잎둥굴레
생활형	다년초
개화기	5월
화 색	백녹색
초장, 초폭	50cm, 30cm
용 도	화단용, 고산정원, 약용식물원, 식용, 약용
번식방법	분주(봄, 가을)
생육적온	16~25℃
내한성	−18℃
광 요구도	양지, 반음지
수분 요구도	보통
관리포인트	월동을 위하여 가을에 시든 꽃대를 잘라주어야 함 3~4년마다 분주해야 함

31. 백합과(Liliaceae)

1	2	3	4	5	6	7	8	9	10	11	12

식물명	둥굴레
학 명	*Polygonatum odoratum* var. *pluriflorum* (Miq.) Ohwi
별 명	맥도둥굴레, 애기둥굴레, 좀둥굴레, 제주둥굴레
생활형	다년초
개화기	6~7월
화 색	백녹색
초장, 초폭	50cm, 30cm
용 도	화단용, 분화용, 절화용, 약용식물원, 약용, 식용
번식방법	분주(봄, 가을)
생육적온	16~25℃
내한성	−18℃
광 요구도	반음지
수분 요구도	보통
관리포인트	월동을 위하여 가을에 시든 꽃대를 잘라주어야 함 3~4년마다 분주해야 함
비 고	*P. odoratum* var. *pluriflorum* for. *variegatum* Y. N. Lee 무늬둥굴레

1	2	3	4	5	6	7	8	9	10	11	12

식물명	층층둥굴레
학 명	*Polygonatum stenophyllum* Maxim.
별 명	수레둥굴레
생활형	다년초
개화기	6월
화 색	백녹색
초장, 초폭	60cm, 30cm
용 도	화단용, 식용, 약용, 약용식물원
번식방법	분주(봄, 가을)
생육적온	16~25℃
내한성	-18℃
광 요구도	반음지
수분 요구도	보통
관리포인트	월동을 위하여 가을에 시든 꽃대를 잘라주어야 함 3~4년마다 분주해야 함
비 고	멸종위기종

31. 백합과(Liliaceae)

1	2	3	4	5	6	7	8	9	10	11	12

식물명	산더소니아
학 명	*Sandersonia aurantiaca* Hook.,
영 명	Christmas Bells, Chinese Lantern Lily
생활형	구근류
개화기	6~7월
화 색	주황색
초장, 초폭	70cm, 30cm
용 도	분화용, 절화용, 구근원

번식방법	종자, 분구(봄, 가을)
생육적온	15~27℃
내한성	5℃
광 요구도	양지
수분 요구도	적음
관리포인트	과습에 약하므로 배수가 잘 되는 토양 사용 3~4년마다 분구해야 함 월동을 위하여 가을에 시든 꽃대를 제거해야 함

1	2	3	4	5	6	7	8	9	10	11	12

식물명	시베리아 무릇
학 명	*Scilla siberica* Haw.
영 명	Siberian Squill
생활형	추식구근
개화기	3~4월
화 색	청색
초장, 초폭	20cm, 20cm

용 도	분화용, 화단용, 잔디원, 암석원, Woodland Garden
번식방법	분구(봄, 가을)
생육적온	8~12℃
내한성	-15℃
광 요구도	양지, 반음지
수분 요구도	보통
관리포인트	3~4년마다 분구해야 함

31. 백합과(Liliaceae)

1	2	3	4	5	6	7	8	9	10	11	12

식물명	풀솜대
학 명	*Smilacina japonica* A. Gray var. *japonica*
영 명	Japanese False Solomonseal
별 명	솜대, 솜죽대, 왕솜대, 큰솜죽대, 품솜대, 솜때, 지장보살
생활형	다년초
개화기	5~7월
화 색	백색
초장, 초폭	50cm, 30cm

용 도	지피식물원, 자생식물원
번식방법	종자, 분주(봄, 가을)
생육적온	16~25℃
내한성	−15℃
광 요구도	반음지, 음지
수분 요구도	많음
관리포인트	월동을 위하여 가을에 시든 꽃대 잘라주어야 함 3~4년마다 분주해야 함

1	2	3	4	5	6	7	8	9	10	11	12

식물명	뻐국나리
학 명	*Tricyrtis macropoda* Miq.
영 명	Speckled Toadlily
생활형	다년초
개화기	7월
화 색	백색
초장, 초폭	80cm, 30cm
용 도	지피식물원, 자생식물원, 약용, 식용

번식방법	종자, 분주 (봄, 가을)
생육적온	16~25℃
내한성	−15℃
광 요구도	반음지
수분 요구도	보통
관리포인트	배수가 잘된 토양 월동을 위하여 가을에 시든 꽃대를 잘라주어야 함 3~4년마다 분주해야 함
비 고	멸종위기 약간관심종

31. 백합과(Liliaceae)

1	2	3	4	5	6	7	8	9	10	11	12

식물명	연영초
학 명	*Trillium kamtschaticum* Pall. ex Pursh
별 명	왕삿갓나물, 큰꽃삿갓풀, 큰연영초, 큰연령초, 연령초
생활형	다년초
개화기	5~6월
화 색	백색
초장, 초폭	30cm, 40cm
용 도	지피식물원, 자생식물원, 식용, 약용
번식방법	종자, 분주(봄, 가을)
생육적온	16~25℃
내한성	−15℃
광 요구도	반음지, 음지
수분 요구도	많음
관리포인트	습한 것을 좋아하지만 배수성이 좋은 토양 선택
비 고	멸종위기 약관심종

1	2	3	4	5	6	7	8	9	10	11	12

식물명	튤립
학 명	*Tulipa hybrida* Hort. cv
영 명	Tulip
생활형	추식구근
개화기	4~5월
화 색	적색, 황색, 주황 등 다양한 색
초장, 초폭	30cm, 30cm
용 도	절화용, 화단용, 지피식물원, 구근원,
번식방법	분구(봄, 가을)
생육적온	10~25℃
내한성	−15℃
광 요구도	양지
수분 요구도	많음
관리포인트	배수가 잘된 토양 월동을 위하여 여름에 시든 꽃대 자르고 구근은 캐어서 서늘한 곳에 저장함
비 고	많은 원예품종이 있음

32. 범의귀과(Saxifragaceae)

1	2	3	4	5	6	7	8	9	10	11	12

식물명	노루오줌
학 명	*Astilbe rubra* Hook.f. & Thomson var. *rubra*
영 명	Astilbe
별 명	홍승마, 적승마, 호마
생활형	다년초
개화기	7~8월
화 색	분홍색, 홍자색
초장, 초폭	30~70cm, 30~45cm
용 도	화단용, Woodland Garden, 지피식물원, 습지원,
번식방법	분주
생육적온	16~30℃
내한성	−20℃
광 요구도	반음지, 양지(수분이 충분한 토양)
수분 요구도	많음
관리포인트	습지를 선호하므로 완전히 건조시키지 말것 가을에 유기물을 충분히 공급하면 좋음
비 고	다양한 원예품종이 있음

1	2	3	4	5	6	7	8	9	10	11	12

식물명	아스틸베
학 명	*Astilbe* x *arendsii* Arends.
영 명	Astilbe
생활형	다년초
개화기	6~7월
화 색	백색, 분홍색, 적색
초장, 초폭	25~80cm, 30~45cm
용 도	화단용, Woodland Garden, 지피식물원, 습지원
번식방법	분주
생육적온	10~25℃
내한성	-20℃
광 요구도	반음지, 양지(수분이 충분한 토양)
수분 요구도	많음
관리포인트	습지를 선호하므로 완전히 건조시키지 말것 가을에 유기물을 충분히 공급하면 좋음
비 고	다양한 원예품종이 있음 눈개승마, 터리풀류와 혼동하기 쉬움

32. 범의귀과(Saxifragaceae)

1	2	3	4	5	6	7	8	9	10	11	12

식물명	시베리아바위취
학 명	*Bergenia cordifolia* (Haw.) Stemb.
영 명	Elephant Eared Saxifraga, Elephants Ear, Hearleaf Bergenia
별 명	돌부채
생활형	상록숙근초
개화기	3~4월
화 색	적색, 분홍색
초장, 초폭	45cm, 45cm
용 도	화단용, 암석원, Bog Garden, 습지원
번식방법	분주 (개화 후나 가을에 로젯트 잎을 한 개 이상 붙여)
생육적온	10~21℃
내한성	−37℃
광 요구도	양지, 반음지
수분 요구도	보통
관리포인트	내건성 식물이나 충분한 관수를 요함 지나친 고온이나 건조를 싫어함 건조지에서는 단축되어 자람

32. 범의귀과(Saxifragaceae)

1	2	3	4	5	6	7	8	9	10	11	12

식물명	헤우케라
학 명	*Heuchera* spp.
영 명	Alumroot, Coral Bells
별 명	휴체라
생활형	다년초
개화기	5~6월
화 색	분홍색, 적색
초장, 초폭	30~60cm, 30~60cm
용 도	분화용, 지피용, 컨테이너용, 암석원, Woodland Garden,
번식방법	종자(봄), 분주(가을)
생육적온	16~30℃
내한성	−15℃
광 요구도	양지, 반음지
수분 요구도	보통
관리포인트	부식이 풍부한 토양을 선호함 잎을 관상하거나 지피용으로 사용하려면 꽃대 제거 3~4년마다 분주해야 함
비 고	품종이 다양하고 잎의 색깔이 다양하여 관상가치가 높음

32. 범의귀과(Saxifragaceae)

1	2	3	4	5	6	7	8	9	10	11	12

식물명	나도승마
학 명	*Kirengeshoma koreana* Nakai
영 명	Yellow Wax Bells
별 명	왜승마, 노랑승마, 백운승마
생활형	다년초
개화기	4~5월
화 색	황색
초장, 초폭	80cm, 30cm
용 도	화단용, 암석원, 고산정원, 분경, 약용
번식방법	종자, 분주(봄, 가을)
생육적온	15~25℃
내한성	-18℃
광 요구도	반음지
수분 요구도	보통
관리포인트	이식을 싫어하며 비옥한 토양을 선호함 월동을 위하여 가을에 시든 꽃대 제거해야 함 3~4년마다 분주해야 함
비 고	특산식물, 멸종위기 2급

32. 범의귀과(Saxifragaceae)

1	2	3	4	5	6	7	8	9	10	11	12

식물명	돌단풍
학 명	*Mukdenia rossii* (Oliv.) Koidz.
별 명	돌나리, 부처손, 장장포
생활형	다년초
개화기	5~6월
화 색	백색
초장, 초폭	30cm, 40cm
용 도	화단용, 분화용, 암석원, 지피식물원
번식방법	종자, 분주(봄, 가을), 삽목
생육적온	16~25℃
내한성	−18℃
광 요구도	반음지, 양지
수분 요구도	보통
관리포인트	월동을 위하여 가을에 지상부 제거해야 함
비 고	돌틈에 잘 자라고 단풍을 닮은 잎을 지녀 돌단풍이라 부름

32. 범의귀과(Saxifragaceae)

1	2	3	4	5	6	7	8	9	10	11	12

식물명	도깨비부채
학 명	*Rodgersia podophylla* A. Gray
별 명	독개비부채, 수레부채
생활형	다년초
개화기	6~7월
화 색	황백색
초장, 초폭	1m, 30cm
용 도	화단용, 자생식물원
번식방법	분주(봄, 가을)
생육적온	16~30℃
내한성	−15℃
광 요구도	반음지
수분 요구도	많음
관리포인트	월동을 위하여 가을에 시든 꽃대를 잘라주어야 함 3~4년마다 분주해야 함
비 고	멸종위기 약관심종

1	2	3	4	5	6	7	8	9	10	11	12

식물명	대문자초
학 명	*Saxifraga fortunei* var. *incisolobata* (Engl. & Irmsch.) Nakai
별 명	지이산바위떡풀, 지리산바위떡풀, 대문자꽃잎풀, 섬바위떡풀, 지이산떡풀
생활형	다년초
개화기	8~9월
화 색	백색, 적색, 분홍색
초장, 초폭	30cm, 30cm
용 도	암석원
번식방법	종자, 분주(봄, 가을)
생육적온	15~25℃
내한성	5℃
광 요구도	양지
수분 요구도	많음
관리포인트	월동을 위하여 가을에 시든 꽃대를 제거해야 함

32. 범의귀과(Saxifragaceae)

1	2	3	4	5	6	7	8	9	10	11	12

식물명	운간초
학 명	*Saxifraga rosacea* Moench
영 명	Mossy Saxifrage
별 명	천상초
생활형	다년초
개화기	3~5월
화 색	백색, 적색, 분홍색
초장, 초폭	20cm, 20cm

용 도	석부작, 분화용, 암석원
번식방법	삽목(봄)
생육적온	16~24℃
내한성	5℃
광 요구도	반음지
수분 요구도	보통
관리포인트	배수가 잘된 토양 월동을 위하여 가을에 시든 꽃대를 제거해야 함
비 고	여름철 고온 다습에 매우 약함

1	2	3	4	5	6	7	8	9	10	11	12

식물명	바위취
학 명	*Saxifraga stolonifera* Meerb.
영 명	Creeping Sailor, Strawberry Stone Break
별 명	겨우사리범의귀, 범의귀
생활형	다년초
개화기	5~6월
화 색	백색

초장, 초폭	30cm, 30cm
용 도	분화용, 지피식물원
번식방법	종자, 분주(봄, 가을)
생육적온	16~25℃
내한성	−18℃
광 요구도	음지, 반음지
수분 요구도	많음
관리포인트	건조하지 않도록 유의해야 함 월동을 위하여 가을에 시든 꽃대를 제거해야 함
비 고	번식력이 매우 강함

33. 베고니아과(Begoniaceae)

1	2	3	4	5	6	7	8	9	10	11	12

식물명	동계성베고니아
학 명	*Begonia* x *hiemalis (B.* x *elatior)*
영 명	Winter Flowering Begonia
별 명	엘라티오르베고니아
생활형	상록숙근초
개화기	11~4월
화 색	적색, 분홍색, 황색, 흰색 등 다양
초장, 초폭	30~50cm
용 도	분화용, 공중걸이, 화단용, 실내정원

번식방법	삽목
생육적온	15~23℃
내한성	10℃
광 요구도	반음지
수분 요구도	충분히 관수
관리포인트	건조해지면 잎 끝이 마르는 현상이 잘 나타남 고온에 약함 시든 꽃은 제거해야 함
비 고	단일성 식물(9시간 한계일장)

33. 베고니아과(Begoniaceae)

1	2	3	4	5	6	7	8	9	10	11	12

식물명	꽃베고니아
학 명	*Begonia* x *semperflorens-culturum* Hort.
영 명	Semperflorens Begonia, Perpetual Begonia
별 명	사철베고니아
생활형	춘파일년초
개화기	5~10월
화 색	적색, 흰색, 분홍색 다양
초장, 초폭	15~30cm, 15~25cm
용 도	화단용, 분화용, Container, 토피어리, 식용꽃

번식방법	삽목
생육적온	16~30℃
내한성	10℃
광 요구도	양지, 반음지
수분 요구도	보통 관수
관리포인트	여름철 고온 다습에 약하므로 장마 전에 잘라 주는 것이 좋음
비 고	봄부터 가을까지 지속적으로 꽃이 피어 개화기간이 김 화단 식물의 왕자라 불림 벌과 나비를 끌어들임

34. 벼과(Poaceae)

1	2	3	4	5	6	7	8	9	10	11	12

식물명	무늬염주그래스
학 명	*Arrhenatherum elatius* ssp. *bulbosum* 'Variegatum'
영 명	Tall Oat Grass, False Oat Grass, Orchard Grass
별 명	무늬개나래새
생활형	다년초(관상용 그래스)
엽 색	백색
초장, 초폭	30cm, 30cm
용 도	절엽용, 지피식물원, 암석원
번식방법	분주(봄)
생육적온	15~25℃
내한성	−15℃
광 요구도	양지, 반음지
수분 요구도	보통 관수
관리포인트	건조에 강하며 여름 고온다습에 지상부가 녹음 서늘해지면 다시 회복됨 과습되지 않도록 주의

1	2	3	4	5	6	7	8	9	10	11	12

식물명	물대
학 명	*Arundo donax* L.
영 명	Giant Reed, Long Leaved Reed
별 명	옹진갈대, 왕갈대, 큰갈대, 대왕갈대
생활형	다년초
개화기	8~9월
화 색	자색, 백색
초장, 초폭	2~4m, 1.5m
용 도	화단용, 경계식재, 습지원, 호안식재, 경관식재
번식방법	종자(13℃, 1~3개월), 분주, 근경번식
생육적온	16~30℃
내한성	−10℃
광 요구도	양지
수분 요구도	보통
관리포인트	겨울철 지상부 제거 후 낙엽이나 짚으로 보온
비 고	따뜻한 지역에서는 번식력이 우수함 줄무늬 물대(*A. donax* L. var. *versicolor* Kunth)

34. 벼과(Poaceae)

1	2	3	4	5	6	7	8	9	10	11	12

식물명	팜파스그래스
학 명	*Cortaderia selloana* (Schult. & Schult. f.) Asch. & Graebn.
영 명	Pampas Grass
생활형	다년초(암수 딴그루)
개화기	9~10월
화 색	백색
초장, 초폭	2.5~3m, 1~1.5m
용 도	정원용, 절화용
번식방법	종자(15℃, 2~3주), 분주(봄)
생육적온	16~30℃
내한성	10℃
광 요구도	양지
수분 요구도	보통
관리포인트	겨울에 지상부를 지표면까지 잘라 주고 낙엽 등으로 두껍게 덮어줌

1	2	3	4	5	6	7	8	9	10	11	12

식물명	블루훼스큐
학 명	*Festuca glauca* Vill. (*F. ovina* var. *glauca*, *F. arvernensis*)
영 명	Blue Fescue, Sheep's Fescue
생활형	다년초(한지형 관상용 그래스)
개화기	6~8월
화 색	녹색
초장, 초폭	50cm,
용 도	화단용, 그래스원, 암석원, 지피식물원

번식방법	분주(봄)
생육적온	15~25℃
내한성	−15℃
광 요구도	양지
수분 요구도	보통
관리포인트	이른 봄에 잎을 10cm 정도로 잘라 신초 생장 촉진 고온 다습 시 생육이 불량해지면 잘라줌 포기의 중심부가 고사하므로 2~3년마다 분주
비 고	수명이 짧고 자주 분주를 해주어야 함

34. 벼과(Poaceae)

1	2	3	4	5	4	7	8	9	10	11	12

식물명	무늬글리세리아
학 명	*Glyceria maxima* (Hartm.) Holmb. var. *variegata* (*G. aquatica*)
영 명	Reed Sweetgrass, Reed Mannagrass
생활형	다년초(관상용 그래스)
초장, 초폭	100cm, 75cm
용 도	수생식물원, 습지원, Bog Garden, 그래스원
번식방법	분주(봄)
생육적온	16~30℃
내한성	−15℃
광 요구도	양지
수분 요구도	많음
관리포인트	건조한 토양에서도 생존하나 습한 토양을 좋아함 습지에서는 번식력이 왕성하므로 근권 제한이 필요
비 고	새순이 나올 때 무늬가 분홍색이나 흰색으로 바뀜

1	2	3	4	5	6	7	8	9	10	11	12

식물명	풍지초
학 명	*Hakonechloa macara* (Munro) Mak.
영 명	Hakone Grass, Japanese Forest Grass
생활형	다년초(관상용 그래스)
개화기	7~8월
화 색	녹색, 황색
초장, 초폭	30~65cm, 45~60cm
용 도	Woodland Garden, 컨테이너용
번식방법	분주
생육적온	16~30℃
내한성	−15℃
광 요구도	반음지, 양지
수분 요구도	보통
관리포인트	토양이 건조되지 않게 유지하는게 좋음 무늬종은 음지에서 무늬가 사라지는 경우도 있음 가을에 휴면에 들어가면 지상부를 잘라줌
비 고	*H. macara* 'Aureola' 황금풍지초

34. 벼과(Poaceae)

1	2	3	4	5	6	7	8	9	10	11	12

식물명	보리
학 명	*Hordeum vulgare* var. *hexastichon* (L.) Asch.
영 명	Barley, Common Barley
별 명	겉보리
생활형	이년초(추파)
개화기	4~5월
화 색	녹색
초장, 초폭	1m
용 도	겨울 화단용
번식방법	종자(24~26℃)
생육적온	20℃
내한성	−12℃
광 요구도	양지
수분 요구도	보통
관리포인트	습해를 받으면 뿌리가 깊지 못해 동해피해

1	2	3	4	5	6	7	8	9	10	11	12

식물명	홍띠
학 명	*Imperata cylindrica* (L.) Beauv. 'Rubra' ('Red Baron')
영 명	Japanese Blood Grass
별 명	붉은띠
생활형	다년초(관상용 그래스)
개화기	5월
화 색	백색
초장, 초폭	40cm, 30cm
용 도	경계식재, 컨테이너용, 암석원, 그래스원, 지피식물원
번식방법	분주
생육적온	16~30℃
내한성	−15℃
광 요구도	양지, 반음지
수분 요구도	적음
비 고	여름에 잎의 위쪽이 붉어지면서 점차 진해짐

34. 벼과(Poaceae)

1	2	3	4	5	6	7	8	9	10	11	12

식물명	토끼꼬리풀	용 도	화단용, 절화용, 건조화용, 분경용
학 명	*Lagurus ovatus* L.	번식방법	종자(봄, 가을, 15~18℃)
영 명	Lagurus Bunny Tail Grass, Hare's Tail	생육적온	16~30℃
별 명	라구루스 인카나	광 요구도	양지
생활형	일년초	수분 요구도	많음
개화기	5~6월	관리포인트	적습지에서 잘 자람
화 색	연황갈색	비 고	가을에 열매가 아름다워 가을정원과 겨울정원으로 쓰임
초장, 초폭	50cm, 30cm		

1	2	3	4	5	6	7	8	9	10	11	12

식물명	억새
학 명	*Miscanthus sinensis* var. *purpurascens* (Andersson) Rendle
영 명	Japanese Silver Grass
별 명	자주억새
생활형	다년초
개화기	9월
화 색	백색
초장, 초폭	1m, 40cm
용 도	화단용, 지피식물원
번식방법	종자, 분주(봄, 가을)
생육적온	16~30℃
내한성	−18℃
광 요구도	양지
수분 요구도	보통
관리포인트	퍼지는 속도가 매우 강하므로 근권부를 제한해야 함
비 고	갈대와 혼동하기 쉬우나 억새는 산과 들에 주로 자생하고 갈대는 물가에 자라며 억새의 이삭은 흰색이나 갈대 이삭을 붉은 색을 띰 무늬 억새, 지브라억새, 모닝라이트 억새가 있음

34. 벼과(Poaceae)

1	2	3	4	5	6	7	8	9	10	11	12

식물명	수크령
학 명	*Pennisetum alopecuroides* (L.) Spreng. var. *alopecuroides*
영 명	Chinese Pennisetum
별 명	길갱이
생활형	다년초
개화기	8~9월
화 색	갈색
초장, 초폭	80cm, 60cm
용 도	화단용, 절화용
번식방법	종자
생육적온	16~30℃
내한성	−18℃
광 요구도	양지
수분 요구도	보통
관리포인트	3~4년마다 분주해야 함
비 고	열매 모습이 아름다워 가을과 겨울 정원용으로 사용

1	2	3	4	5	6	7	8	9	10	11	12

식물명	흑조
학 명	*Pennicetum glaucum* 'Black Pearl' (L.) R. Br.
영 명	Pearl Millet
생활형	일년초
개화기	8~9월
화 색	검정색
초장, 초폭	1m, 50cm
용 도	화단용, 절화용
번식방법	종자
생육적온	16~30℃
광 요구도	양지
수분 요구도	보통
관리포인트	배수가 잘 되는 토양
비 고	이삭의 모습이 아름다워 가을 정원과 겨울정원으로 식재함

34. 벼과(Poaceae)

1	2	3	4	5	6	7	8	9	10	11	12

식물명	흰줄갈풀
학 명	*Phalaris arundinacea* var. *picta* L. 'Variegatus'
영 명	Ribbon –Grass, Gardener's Garters, Reed Canary Grass
별 명	뱀풀, 흰갈풀
생활형	다년초
개화기	6월
화 색	자줏빛 나는 연한 녹색
초장, 초폭	1m, 50cm
용 도	화단용, 그래스정원, 지피식물원
번식방법	분주(봄, 가을)
생육적온	16~30℃
내한성	–15℃
광 요구도	양지
수분 요구도	보통
관리포인트	3~4년마다 분주해야 함 잡초화 가능성이 높으므로 사용에 주의해야 함
비 고	잎에 무늬가 있어 가을정원, 겨울정원에 쓰임

1	2	3	4	5	6	7	8	9	10	11	12

식물명 조

학 명 *Setaria italica* (L.) P.Beauv.

영 명 Foxtall Millet, Japanese Millet Italian Millet, Hungarian Millet, Bengal

별 명 큰조

생활형 일년초

개화기 7~9월

화 색 갈색

초장, 초폭 1m, 40cm

용 도 꽃꽂이용, 식용, 약용, 지피식물원, 식용식물원, 건조화원,

번식방법 종자

생육적온 16~25℃

광 요구도 양지

수분 요구도 보통

비 고 italica는 이탈리아산이라는 뜻임

열매가 아름다워 가을정원에 쓰임

34. 벼과(Poaceae)

1	2	3	4	5	6	7	8	9	10	11	12

식물명	멕시코수염풀	번식방법	종자, 분주(봄, 가을)
학 명	*Stipa tenuissima* L.	생육적온	16~25℃
영 명	Mexican Feather Grass	내한성	-15℃
생활형	다년초	광 요구도	양지
개화기	9~10월	수분 요구도	보통
화 색	갈색	관리포인트	3~4년마다 분주해야 함
초장, 초폭	60cm, 20cm	비 고	가을정원에 쓰이면 좋음
용 도	지피식물원, 그래스원		

35. 봉선화과(Balsaminaceae)

1	2	3	4	5	6	7	8	9	10	11	12

식물명	봉선화	용 도	화단용
학 명	*Impatiens balsamina* L.	번식방법	종자(16~18℃), 삽목
영 명	Garden Balsam, Rose Balsam, Touch me not	생육적온	16~30℃
		내한성	5℃
별 명	봉숭아	광 요구도	반음지, 양지
생활형	춘파일년초	수분 요구도	많음
개화기	7~9월	비 고	잎과 꽃을 손톱 및 발톱 염색에 이용
화 색	적색, 분홍색, 백색		
초장, 초폭	20~70cm, 45cm		

35. 봉선화과(Balsaminaceae)

1	2	3	4	5	6	7	8	9	10	11	12

식물명	뉴기니아봉선화
학 명	*Impatiens hybrida* 'Newguinea' *(I. hawkeri)*
영 명	New Guinea Impatiens
생활형	춘파일년초, 다년초(열대, 아열대)
개화기	7~9월(연중개화)
화 색	적색, 분홍색, 주황색, 황색, 백색
초장, 초폭	30~60cm, 30cm
용 도	분화용, 컨테이너, 걸이화분, 화단용
번식방법	종자(20℃, 광발아), 삽목
생육적온	20~25℃
내한성	10℃
광 요구도	반음지, 양지
수분 요구도	많음
관리포인트	다년초로 키우려면 여름 이후에 줄기를 잘라줄 것
비 고	*Impatiens hawkeri*를 교배하여 육성한 원예 품종

35. 봉선화과(Balsaminaceae)

1	2	3	4	5	6	7	8	9	10	11	12

식물명	노랑물봉선
학 명	*Impatiens nolitangere* L. var. *nolitangere*
영 명	Touch me not
별 명	노랑물봉숭, 노랑물봉숭아
생활형	일년초
개화기	8~9월
화 색	황색
초장, 초폭	50~70cm
용 도	Woodland Garden, 습지원, Bog garden
번식방법	종자
생육적온	20~25℃
내한성	−15℃(종자)
광 요구도	반음지, 양지
수분 요구도	많음
비 고	유독식물

35. 봉선화과(Balsaminaceae)

1	2	3	4	5	6	7	8	9	10	11	12

식물명	물봉선	용 도	Woodland Garden, 습지원, Bog Garden
학 명	*Impatiens textori* var. *textori*.	번식방법	종자
영 명	Touch me not	생육적온	20~25℃
별 명	물봉숭, 물봉숭아	내한성	−15℃(종자)
생활형	일년초	광 요구도	반음지, 양지
개화기	8~9월	수분 요구도	많음
화 색	적색, 분홍색	비 고	유독식물
초장, 초폭	50~70cm		

35. 봉선화과(Balsaminaceae)

1	2	3	4	5	6	7	8	9	10	11	12

식물명	아프리카봉선화
학 명	*Impatiens walleriana* Hook. F.
영 명	Busy Lizzie, Patient Plant, Sultana
생활형	춘파일년초, 다년초(열대, 아열대)
개화기	6~9월
화 색	보라색, 적색, 분홍색, 주황색, 황색, 백색
초장, 초폭	30~60cm, 60cm
용 도	분화용, 컨테이너, 걸이화분, 화단용
번식방법	종자(20℃, 광발아), 삽목
생육적온	20~25℃
내한성	12C
광 요구도	반음지, 음지
수분 요구도	많음
관리포인트	적심을 해주면 분지수가 늘어나고 퍼펙트 해짐

36. 부들과(Typhaceae)

1	2	3	4	5	6	7	8	9	10	11	12

식물명	애기부들	생육적온	10~25℃
학 명	*Typha angustifolia* L.	내한성	−15℃
영 명	Narrow−Leaved Cat−Tail	광 요구도	양지
별 명	좀부들	수분 요구도	많음
생활형	다년초	관리포인트	종자가 날리기 전에 채종 근권부 제한을 필요로 함
개화기	6월		
화 색	갈색	비 고	angustifolia는 좁은 잎이라는 뜻임
초장, 초폭	1m, 40cm		
용 도	수생식물원, 수재화단		
번식방법	종자, 분주(봄, 가을)		

1	2	3	4	5	6	7	8	9	10	11	12

식물명	큰잎 부들
학 명	*Typha latifolia* L.
영 명	Broadleaf Cattail
별 명	개부들, 넓은잎부들, 큰부들, 참부들, 부들
생활형	다년초
개화기	6월
화 색	갈색
초장, 초폭	1m, 40cm
용 도	수생식물원, 수재화단
번식방법	종자, 분주(봄, 가을)
생육적온	10~25℃
내한성	−15℃
광 요구도	양지
수분 요구도	습지와 연못에 잘 자람
관리포인트	번식력이 왕성하여 수생식물원에서 우점종이 되기 쉬우므로 종자가 날리기 전에 제거하고 근권부를 제한해야 함

37. 부채꽃과(Goodeniaceae)

1	2	3	4	5	6	7	8	9	10	11	12

식물명	스카에볼라	용 도	컨테이너용, 분화용, 걸이화분
학 명	*Scaevola aemula* R. Br.	번식방법	삽목(봄, 가을)
영 명	Blue Fan Flower	생육적온	16~30℃
생활형	일년초(다년초)	내한성	3~5℃
개화기	6~9월	광 요구도	양지, 반음지
화 색	백색, 분홍색, 연남색	수분 요구도	보통
초장, 초폭	30cm, 30cm	관리포인트	덥고 건조한 기후에서 잘 자람

38. 부처꽃과(Lythraceae)

1	2	3	4	5	6	7	8	9	10	11	12

식물명	시가플라워
학 명	*Cuphea ignea* A. DC.
영 명	Cigar Flower, Mexican Cigar Plant, Firecracker Plant
별 명	담배꽃
생활형	아관목, 관목(일년초 취급)
개화기	5~10월(연중개화-실내)
화 색	적색
초장, 초폭	30~75cm, 30~90cm
용 도	분화용, 컨테이너 식재, 걸이화분, 실내식물
번식방법	종자(13~16℃, 봄), 삽목(봄), 분주
생육적온	16~30℃
내한성	7℃
광 요구도	양지
수분 요구도	보통
관리포인트	생장 기간에 비료를 많이 필요로 함
비 고	꽃의 모습이 담뱃불 모양을 닮아 담배꽃이라 부름

38. 부처꽃과(Lythraceae)

1	2	3	4	5	6	7	8	9	10	11	12

식물명	쿠페아 라베아
학 명	*Cuphea llavea*
영 명	Bat-Face Cuphea, St. Peter's Plant, Tiny Mice, Bunny Ears
별 명	미키마우스
생활형	다년초(일년초 취급)
개화기	5~10월(연중개화-실내)
화 색	적색, 주황색
초장, 초폭	30~75cm, 30~90cm
용 도	걸이화분, 컨테이너 식재, 걸이화분, 실내식물
번식방법	종자(13~16℃, 봄), 삽목(봄), 분주
생육적온	16~30℃
내한성	7℃
광 요구도	양지
수분 요구도	보통, 건조에 강함
관리포인트	생장기간에 비료를 많이 필요로 함

38. 부처꽃과(Lythraceae)

1	2	3	4	5	6	7	8	9	10	11	12

식물명	부처꽃
학 명	*Lythrum anceps* (Koehne) Makino.
영 명	Twoedged Loosestrife
별 명	두렁꽃
생활형	다년초
개화기	5~8월
화 색	분홍색
초장, 초폭	80cm, 50cm
용 도	화단용, 습지원, 절화용, 약용
번식방법	종자, 분주(봄, 가을), 삽목
생육적온	16~30℃
내한성	−18℃
광 요구도	양지
수분 요구도	많음
관리포인트	만개 후 꽃대를 잘라주면 다시 개화함
비 고	anceps는 2개의 모서리라는 뜻임

38. 부처꽃과(Lythraceae)

1	2	3	4	5	6	7	8	9	10	11	12

식물명	털부처꽃
학 명	*Lythrum salicaria* L.
영 명	Purple Loosestrife, Spiked Loosestrife
별 명	좀부처꽃, 참부처꽃, 털두렁꽃
생활형	다년생
개화기	7~8월
화 색	분홍색
초장, 초폭	80cm, 40cm
용 도	화단용, 습지원, 절화용, 약용
번식방법	종자, 분주(봄, 가을)
생육적온	16~30℃
내한성	−18℃
광 요구도	양지
수분 요구도	많음
관리포인트	만개 후 꽃대를 잘라주면 다시 개화함
비 고	salicaria는 버드나무속(salix)에 유사하다는 뜻, 전초에 털이 많음

39. 부처손과(Selaginellaceae)

1	2	3	4	5	6	7	8	9	10	11	12

식물명	바위손
학 명	*Selaginella involvens* (Sw.) Spring
별 명	부처손, 두턴부처손
생활형	다년초
개화기	양치식물로 개화하지 않음
초장, 초폭	20cm, 20cm
용 도	지피식물원, 암석원, 양치식물원
번식방법	아삽, 분주(봄, 가을)
생육적온	15~21℃
내한성	−15℃
광 요구도	양지
수분 요구도	보통
관리포인트	공중습도를 높게 유지

40. 분꽃과(Nyctaginaceae)

1	2	3	4	5	6	7	8	9	10	11	12

식물명	분꽃	번식방법	종자(봄)
학 명	*Mirabilis jalapa* L.	생육적온	16~30℃
영 명	Four O'Clock Flower	내한성	5℃
생활형	춘파 일년초	광 요구도	양지
개화기	7~9월	수분 요구도	보통
화 색	황색, 분홍색, 적색, 백색, 복합색 등 다양한 색	관리포인트	관상가치와 개화기 연장을 위해 시든 꽃 제거해야 함
초장, 초폭	80cm, 60cm	비 고	오후 4시경 개화하여 10시경에 오므라듬
용 도	화단용, 화분용		

1	2	3	4	5	6	7	8	9	10	11	12

식물명	범부채
학 명	*Belamcanda chinensis* (L.) DC.
영 명	Blackberry Lily, Leopard Flower
생활형	숙근초
개화기	7~8월
화 색	황색, 적색, 오렌지색
초장, 초폭	40~90cm, 20cm
용 도	화단용
번식방법	종자(직파), 분주
생육적온	16~30℃
내한성	−15℃
광 요구도	양지, 반음지
수분 요구도	보통 관수
관리포인트	부식이 풍부하면서도 배수가 잘되는 토양 선호 여름에 건조시키지 말것
비 고	꽃의 수명은 수일 내로 짧으나 연속적으로 개화하며 수명이 다된 꽃은 나선형으로 말리면서 시듦

41. 붓꽃과(Iridaceae)

1	2	3	4	5	6	7	8	9	10	11	12

식물명	애기범부채
학 명	*Crocosmia* × *crocosmiiflora* N.E. Br. [aurea × pottsii] (*Montbretia* × *crocosmiiflora*)
영 명	Montbretia
별 명	몬트부레티아
생활형	다년초
개화기	7~8월
화 색	적색, 주황색, 황색
초장, 초폭	60cm, 8cm
용 도	절화용, 화단용, 컨테이너용
번식방법	종자(채파), 분주(봄, 생장 시작 전)Cottage Garden
생육적온	16~30℃
내한성	5℃
광 요구도	양지, 반음지
수분 요구도	보통
관리포인트	가을철 지상부 제거 후 보온해야 함
비 고	외래종으로 남부지방에서는 귀화식물임

41. 붓꽃과(Iridaceae)

1	2	3	4	5	6	7	8	9	10	11	12

식물명	크로커스 베르누스
학　명	*Crocus vernus* (L.) J. Hill
영　명	Dutch Crocus, Spring Crocus
별　명	사프란
생활형	추식구근
개화기	3~4월
화　색	보라색, 자주색, 황색, 백색
초장, 초폭	12cm, 5cm
용　도	분화용, 암석원, 잔디원, Cottage Garden, 베란다 정원
번식방법	분구(4~5년마다)
생육적온	10~23℃
내한성	-15℃
광 요구도	양지
수분 요구도	보통
관리포인트	배수성이 좋은 토양에 식재 잎이 스스로 시들 때까지 놔둬야 함
비　고	잔디원에 식재하여 이른봄에 관상 사프란이라 부르는 종은 가을에 개화(*C. sativus*)

41. 붓꽃과(Iridaceae)

1	2	3	4	5	6	7	8	9	10	11	12

식물명	글라디올러스	생육적온	16~25℃
학　명	*Gladiolus hybridus* Hort.	내한성	5℃
영　명	Gladiolus	광 요구도	양지
생활형	춘식구근	수분 요구도	보통
개화기	7~8월	관리포인트	키가 커서 장마기에 쓰러지므로 지주대 설치해야 함 잎이 시들면 구근을 캐서 보관 후 봄에 식재
화　색	백색, 황색, 적색, 자주색, 청색 등 다양		
초장, 초폭	60~170cm, 30~60cm		
용　도	절화용, 화단용		
번식방법	분구		

1	2	3	4	5	6	7	8	9	10	11	12

식물명	대청부채	번식방법	종자(봄), 분주(봄,가을)
학 명	*Iris dichotoma* Pall.	생육적온	16~30℃
별 명	대청붓꽃, 부채붓꽃, 얼이범부채, 참부채붓꽃(북)	내한성	−18℃
		광 요구도	양지, 반음지
생활형	다년초	수분 요구도	보통
개화기	8~9월	관리포인트	월동을 위하여 가을에 시든 꽃대 제거해야 함 3~4년마다 분주해야 함
화 색	분홍색, 남색		
초장, 초폭	70cm, 20cm		
용 도	화단용, 고산정원, 암석원, 분경	비 고	멸종위기식물 2급 꽃은 오후 3시에 피고 저녁에 짐

41. 붓꽃과(Iridaceae)

1	2	3	4	5	6	7	8	9	10	11	12

식물명	꽃창포
학 명	*Iris ensata* var. *spontanea* (Makino) Nakai.
영 명	Japanese Iris
별 명	창포붓꽃, 옥선화, 화창포, 꽃장포, 들꽃장포, 들꽃창포
생활형	다년초
개화기	6~7월
화 색	자주색
초장, 초폭	90cm, 40cm
용 도	화단용, 습지원, 절화, 약용
번식방법	종자(가을 직파), 분주(봄, 가을)
생육적온	16~30℃
내한성	−18℃
광 요구도	양지
수분 요구도	많음
관리포인트	월동을 위하여 가을에 시든 꽃대 제거해야 함 3~4년마다 분주해야 함
비 고	약간관심종

1	2	3	4	5	6	7	8	9	10	11	12

식물명	독일붓꽃
학 명	*Iris germanica* L.
영 명	Bearded Iris, German Iris, Common Flag
별 명	저먼아이리스
생활형	다년초
개화기	5~6월
화 색	황색, 백색, 적색 등 다양한 색
초장, 초폭	60cm, 40cm
용 도	화단용, 절화용, 암석원, 고산식물원, 습지원
번식방법	종자, 분주(봄,가을)
생육적온	16~30℃
내한성	−18℃
광 요구도	양지
수분 요구도	보통
관리포인트	깊이 식재하면 꽃이 피지 않기도 함 알칼리성 토양을 선호하므로 매년 석회 시용
비 고	독일 붓꽃의 교배종으로 육성한 원예 품종 많음 Iris 속은 식물체 전체가 독성이 있으므로 식용 금지

41. 붓꽃과(Iridaceae)

1	2	3	4	5	6	7	8	9	10	11	12

식물명	노랑붓꽃	번식방법	종자, 분주(봄,가을)
학 명	*Iris koreana* Nakai	생육적온	16~30℃
별 명	흰노랑붓꽃	내한성	−18℃
생활형	다년초	광 요구도	양지
개화기	5~6월	수분 요구도	보통
화 색	황색	관리포인트	3~4년마다 분주해야 함
초장, 초폭	20cm, 20cm	비 고	특산종, 멸종위기 2급 금붓꽃과 비슷하지만 잎이 보다 크고 꽃이 항상 2개씩 핌
용 도	분경, 화단용, 암석원, 고산식물원, 습지원		

41. 붓꽃과(Iridaceae)

1	2	3	4	5	6	7	8	9	10	11	12

식물명	타래붓꽃
학 명	*Iris lactea* var. *chinensis* (Fisch.) Koidz.
영 명	Flower de Luce, Tarae Butggot Water Flag
별 명	마련초
생활형	다년초
개화기	5~6월
화 색	연남색
초장, 초폭	40cm, 30cm
용 도	분경, 정원용, 화단용, 암석원, 고산식물원, 약용

번식방법	종자, 분주(봄,가을)
생육적온	16~30℃
내한성	−18℃
광 요구도	양지
수분 요구도	적음
관리포인트	배수가 잘된 토양에서 건조하게 키움 월동을 위하여 가을에 시든 꽃대 제거해야 함 3~4년마다 분주해야 함
비 고	잎이 비틀려서 꼬이기 때문에 타래 붓꽃임

41. 붓꽃과(Iridaceae)

1	2	3	4	5	6	7	8	9	10	11	12

식물명	제비붓꽃
학 명	*Iris laevigata* Fisch. ex Turcz.
영 명	Rabbitear Iris
별 명	푸른붓꽃
생활형	다년초
개화기	5~6월
화 색	진남색
초장, 초폭	60cm, 40cm
용 도	화단용, 습지원, 분경

번식방법	종자, 분주(봄,가을)
생육적온	16~25℃
내한성	−18℃
광 요구도	양지
수분 요구도	많음
관리포인트	월동을 위하여 가을에 시든 꽃대 제거해야 함 3~4년마다 분주해야 함

1	2	3	4	5	6	7	8	9	10	11	12

식물명	금붓꽃	번식방법	종자, 분주(봄, 가을)
학 명	*Iris minutiaurea* Makino	생육적온	16~25℃
별 명	누른붓꽃, 애기노랑붓꽃, 소연미(小鳶尾)	내한성	−18℃
		광 요구도	양지
생활형	다년초	수분 요구도	보통
개화기	4~5월	관리포인트	월동을 위하여 가을에 시든 꽃대 제거해야 함 3~4년마다 분주해야 함
화 색	황색		
초장, 초폭	10cm, 10cm		
용 도	화단용, 암석원, 분경	비 고	멸종위기 취약종 노랑붓꽃에 비해 전체적으로 작고 화경에 1개씩 핌

41. 붓꽃과(Iridaceae)

1	2	3	4	5	6	7	8	9	10	11	12

식물명	노랑무늬붓꽃
학　명	*Iris odaesanensis* Y.N.Lee.
영　명	Korean Iris
별　명	흰노랑붓꽃
생활형	다년초
개화기	4~5월
화　색	흰색, 노랑줄무늬
초장, 초폭	20cm, 20cm
용　도	화단용, 암석원, 분경
번식방법	종자, 분주(봄, 가을)
생육적온	16~25℃
내한성	-18℃
광 요구도	양지
수분 요구도	보통
관리포인트	월동을 위하여 가을에 시든 꽃대 제거해야 함 3~4년마다 분주해야 함
비　고	한국특산식물로 오대산에서 처음 발견 됨 멸종위기 2급 식물, 취약종

1	2	3	4	5	6	7	8	9	10	11	12

식물명 노랑꽃창포
학 명 *Iris pseudacorus* L.
영 명 Yellow Iris, Yellow Flag, Water Flag
별 명 서양꽃창포, 노란꽃창포, 화창포, 옥선화(玉蟬花)
생활형 다년초
개화기 5월
화 색 황색
초장, 초폭 100cm, 40cm
용 도 절화용, 화단용, 약용, 습지원, 수생식물원

번식방법 파종(가을), 분주(봄, 가을)
생육적온 16~25℃
내한성 −18℃
광 요구도 양지
수분 요구도 많음
관리포인트 습지나 건조한 토양에도 잘 자람
월동을 위하여 가을에 지상부 제거해야 함
3~4년마다 분주해야 함

41. 붓꽃과(Iridaceae)

1	2	3	4	5	6	7	8	9	10	11	12

식물명	각시붓꽃
학 명	*Iris rossii* Baker var. *rossii*
영 명	Caudate-bracted Iris, Blue Flag
별 명	애기붓꽃
생활형	다년초
개화기	4~5월
화 색	연남색
초장, 초폭	15cm, 15cm
용 도	화단용, 암석원, 고산식물원
번식방법	종자(봄 직파), 분주(봄, 가을)
생육적온	16~25℃
내한성	-18℃
광 요구도	양지
수분 요구도	보통
관리포인트	월동을 위하여 가을에 시든 꽃대 제거해야 함 3~4년마다 분주해야 함
비 고	각시는 작고 여리다는 의미은

41. 붓꽃과(Iridaceae)

1	2	3	4	5	6	7	8	9	10	11	12

식물명	붓꽃
학 명	*Iris sanguinea* Donn ex Horn
영 명	Siberian Iris
생활형	다년초
개화기	5~6월
화 색	남색
초장, 초폭	60cm, 30cm
용 도	절화용,화단용, 고산식물원, 수생식물원, 습지원, 암석원
번식방법	파종, 분주
생육적온	16~30℃
내한성	−18℃
광 요구도	반음지, 양지
수분 요구도	보통
관리포인트	월동을 위하여 가을에 지상부 제거해야 함 3~4년마다 분주해야 함
비 고	꽃봉오리가 붓모양이어서 붓꽃임

41. 붓꽃과(Iridaceae)

1	2	3	4	5	6	7	8	9	10	11	12

식물명	흰붓꽃
학 명	*Iris sanguinea* for. *albiflora* Y. N. Lee
별 명	백연미
생활형	다년초
개화기	5~6월
화 색	백색
초장, 초폭	50cm, 30cm
용 도	화단용, 암석원, 고산식물원

번식방법	파종, 분주(봄, 가을)
생육적온	16~30℃
내한성	−18℃
광 요구도	양지, 반음지
수분 요구도	보통
관리포인트	건조부터 습지에서 잘 자람 월동을 위하여 가을에 다 진 꽃대 제거해야 함 3~4년마다 분주해야 함

1	2	3	4	5	6	7	8	9	10	11	12

식물명	부채붓꽃
학 명	*Iris setosa* Pall. ex Link
영 명	Aretic Iris
생활형	다년초
개화기	6~7월
화 색	남색
초장, 초폭	50cm, 30cm
용 도	분경, 화단용, 습지원, 수생식물원

번식방법	종자, 분주(봄, 가을)
생육적온	16~30℃
내한성	−18℃
광 요구도	양지
수분 요구도	많음
관리포인트	월동을 위하여 가을에 지상부 제거해야 함 3~4년마다 분주해야 함
비 고	잎 전체 모습이 부채 모양임 멸종위기종

41. 붓꽃과(Iridaceae)

1	2	3	4	5	6	7	8	9	10	11	12

식물명	우산붓꽃
학 명	*Iris tectorum* Maxim.
영 명	Crested Iris, Wall Iris
별 명	붓꽃난초, 붓꽃란초, 연미붓꽃, 자주붓꽃, 중국붓꽃
생활형	다년초
개화기	4~5월
화 색	연남색
초장, 초폭	40cm, 20cm
용 도	화단용, 암석원, 고산정원

번식방법	종자, 분주(봄, 가을)
생육적온	16~30℃
내한성	−18℃
광 요구도	양지
수분 요구도	보통
관리포인트	월동을 위하여 가을에 시든 꽃대 제거해야 함 3~4년마다 분주해야 함

1	2	3	4	5	6	7	8	9	10	11	12

식물명	난장이붓꽃
학 명	*Iris uniflora* var. *caricina* Kitag.
별 명	난쟁이붓꽃, 용골단화연미
생활형	다년초
개화기	5~6월
화 색	남색
초장, 초폭	10cm, 10cm
용 도	화단용, 분경, 암석원, 고산식물원
번식방법	종자, 분주(봄, 가을)
생육적온	16~30℃
내한성	−18℃
광 요구도	양지
수분 요구도	보통
관리포인트	월동을 위하여 가을에 지상부 제거해야 함 3~4년마다 분주해야 함
비 고	위기종

41. 붓꽃과(Iridaceae)

1	2	3	4	5	6	7	8	9	10	11	12

식물명	익시아	용 도	화단용, 구근원
학 명	*Ixia hybrida*	번식방법	분구(가을)
영 명	Corn Lily	생육적온	10~25℃
생활형	추식구근	내한성	5℃
개화기	4~5월	광 요구도	양지
화 색	황색, 주황색, 적색, 백색 등 다양한색	수분 요구도	보통
초장, 초폭	50cm, 20cm	관리포인트	여름에 구근을 캐서 서늘한 곳에 저장해야 함
		비 고	연작을 싫어함

41. 붓꽃과(Iridaceae)

1	2	3	4	5	6	7	8	9	10	11	12

식물명	등심붓꽃
학 명	*Sisyrinchium angustifolium* Mill. (*S. graminoides*)
영 명	Narrowleaf Blue-Eyed Grass, Bermuda Blue-Eyed Grass
별 명	골붓꽃
생활형	다년초
개화기	5~6월
화 색	남색
초장, 초폭	40cm, 30cm
용 도	지피식물, Bog Garden
번식방법	종자, 분주(봄, 가을)
생육적온	16~25℃
내한성	-15℃
광 요구도	양지
수분 요구도	많음
관리포인트	충분한 수분을 좋아하나 배수성이 좋은 토양에 식재 2~3년마다 활력 유지를 위해 분주
비 고	오후에 꽃이 피었다가 밤에는 꽃잎을 닫음

42. 비름과(Amaranthaceae)

1	2	3	4	5	6	7	8	9	10	11	12

식물명	알테난테라 덴타타
학 명	*Alternanthera dentata* (Moench) Scheygr. 'Purple Knight'
영 명	Joseph's Coat, Calico Plant, Joy Weed
별 명	알터, 앵무새잎
생활형	일년초(다년초)
관상기	연중
화 색	흰색, 황색, 보라색(잎)
초장, 초폭	45cm, 30-60cm
용 도	화단용, Boarder, 컨테이너용, 지피용
번식방법	삽목(봄, 여름, 밀폐삽, 25°C), 분주(봄) 종자(13~20°C)
생육적온	16~30℃
내한성	10℃
광 요구도	양지, 반음지
수분 요구도	보통관수, 보습성 토양이면서 배수성도 좋을 것
관리포인트	고온성 식물, 저온과 저광에서는 엽색이 연해짐 겨울 13~15℃에서 관리
비 고	잎색이 다양함

1	2	3	4	5	6	7	8	9	10	11	12

식물명	앵무새잎	번식방법	삽목(봄, 여름, 밀폐삽), 분주(봄), 종자(13~20℃)
학 명	*Alternanthera ficoidea* (L.) R. Br.	생육적온	16~30℃
영 명	Parrot Leaf, Red Fine Leaf	내한성	0℃
별 명	알터	광 요구도	양지, 반음지
생활형	일년초	수분 요구도	보통
관상기	연중	관리포인트	고온성 식물, 저온과 저광에서는 엽색이 연해짐 겨울 13~15℃에서 재배함
화 색	반잎(적색, 보라색, 황색, 오렌지색)		
초장, 초폭	20cm, 30cm	비 고	녹색 잎에 다양한 색의 반잎이 들어가 아름다움 'Bronze', 'Yellow & Green'
용 도	화단용, 컨테이너용, Knot Garden, 지피식물원, 실내식물원		

42. 비름과(Amaranthaceae)

1	2	3	4	5	6	7	8	9	10	11	12

식물명	줄맨드라미
학 명	*Amaranthus caudatus* L.
영 명	Love Lies Bleeding, Velvet Flower, Tassel Flower
별 명	줄비름, 줄맨드래미
생활형	춘파 일년초
개화기	7~10월
화 색	적색
초장, 초폭	1.5m, 45~75cm
용 도	식용(어린 잎), 절화, 분화, 화단
번식방법	종자(20℃, 봄)
생육적온	20~30℃
내한성	5℃
광 요구도	양지
수분 요구도	적음
관리포인트	비료 요구도 낮음

42. 비름과(Amaranthaceae)

1	2	3	4	5	6	7	8	9	10	11	12

식물명	선줄맨드라미
학 명	*Amaranthus cruentus* L.
영 명	Prince's Feather, Purple Amanranth, Red Amaranth
별 명	줄비름, 줄맨드래미
생활형	춘파 일년초
개화기	8~9월
화 색	적색
초장, 초폭	2m, 40cm
용 도	식용(어린잎), 절화, 분화, 화단
번식방법	종자(20℃, 봄)
생육적온	20~30℃
내한성	5℃
광 요구도	양지
수분 요구도	적음
관리포인트	비료 요구도 낮음
비 고	붉은색 잎

42. 비름과(Amaranthaceae)

1	2	3	4	5	6	7	8	9	10	11	12

식물명	색비름
학 명	*Amaranthus tricolor* L.
영 명	Chinese Spinach, Tampala
별 명	삼색비름, 색맨드라미
생활형	춘파 일년초
개화기	8~10월
화 색	녹색, 적색, 분홍색, 황색
초장, 초폭	80~150cm, 30~45cm
용 도	식용(어린 잎), 절화, 화단, 경관 식재, 컨테이너용
번식방법	종자(20℃, 봄)
생육적온	16~30℃
내한성	0℃
광 요구도	양지
수분 요구도	적음
관리포인트	비료 요구도 낮음
비 고	잎색이 다양함

42. 비름과(Amaranthaceae)

1	2	3	4	5	6	7	8	9	10	11	12

식물명	닭벼슬형 맨드라미
학 명	*Celosia argentea* var. *cristata* L.
영 명	Cockscomb
생활형	춘파일년초
개화기	7~9월
화 색	적색, 황색, 주황색, 백색
초장, 초폭	60~90cm, 20~30cm
용 도	경관식재용, 절화용, 화단용, 컨테이너 가든,
번식방법	종자(18℃, 2주, 봄)
생육적온	20~35℃
내한성	5℃
광 요구도	양지
수분 요구도	보통
비 고	어린잎과 순은 식용

42. 비름과(Amaranthaceae)

1	2	3	4	5	6	7	8	9	10	11	12

식물명	성화형 맨드라미	용 도	경관식재용, 절화용, 화단용, 컨테이너 가든,
학 명	*Celosia argentea* var. *plumosa* L.	번식방법	종자(18℃, 2주, 봄)
영 명	Feathered Amaranth	생육적온	20~35℃
별 명	촛불맨드라미	내한성	5℃
생활형	춘파일년초	광 요구도	양지
개화기	7~9월	수분 요구도	보통
화 색	적색, 황색, 주황색, 백색	비 고	어린잎과 순은 식용
초장, 초폭	60~90cm, 20~30cm		

42. 비름과(Amaranthaceae)

1	2	3	4	5	6	7	8	9	10	11	12

식물명	개맨드라미
학 명	*Celosia spicata*
영 명	Wheat Straw Celosia
생활형	춘파일년초
개화기	7~9월
화 색	적색, 황색, 주황색, 분홍색, 백색 등 다양한 색
초장, 초폭	60~90cm, 20~30cm
용 도	절화용, 화단용, 경관식재용, 컨테이너 가든,
번식방법	종자(18℃, 2주, 봄)
생육적온	20~35℃
내한성	5℃
광 요구도	양지
수분 요구도	보통
비 고	어린 잎과 순은 식용

42. 비름과(Amaranthaceae)

1	2	3	4	5	6	7	8	9	10	11	12

식물명	천일홍
학 명	*Gomphrena globosa* L.
영 명	Globe Amaranth, Bachelor's Button
별 명	천일초, 천날살이풀
생활형	춘파일년초
개화기	6~10월
화 색	적색, 분홍색, 백색
초장, 초폭	30~60cm, 30cm
용 도	화단용, 암석원, 컨테이너용, 절화용, 건조화용
번식방법	종자
생육적온	16~30℃
광 요구도	양지
수분 요구도	보통
비 고	클로버와 유사한 형태의 꽃으로 건조 시에도 색이 유지됨

1	2	3	4	5	6	7	8	9	10	11	12

식물명	줄무늬지리대사초	용 도	경계식재, 지피식물원, 암석원, 척박지 녹화용
학 명	*Carex okamotoi* for. *variegata* Y.N.Lee	번식방법	분주(11~12월)
별 명	흰줄무늬지리대사초	생육적온	10~21℃
생활형	다년초 (포복형)	내한성	−15℃
개화기	4~6월	광 요구도	반음지, 양지
화 색	백색	수분 요구도	많음, 건조에도 강한 편
초장, 초폭	15~20cm, 40cm	관리포인트	봄에 죽은 지상부를 제거해야 함
		비 고	한국 특산종으로 강건하고 번식력이 왕성함 잎에 무늬가 있어 무늬원에 식재

43. 사초과(Cyperaceae)

1	2	3	4	5	6	7	8	9	10	11	12

식물명	에버골드 사초
학 명	*Carex oshimensis* 'Evergold'
영 명	Sedge
생활형	상록다년초
개화기	4~6월
화 색	백색
초장, 초폭	30cm, 35cm

용 도	경계식재, 분화용, 지피식물원
번식방법	분주
생육적온	10~21℃
내한성	−15℃
광 요구도	양지, 반음지
수분 요구도	많음, 건조에도 강한 편
관리포인트	봄에 죽은 지상부를 제거
비 고	노란 줄무늬가 들어간 잎 관상

1	2	3	4	5	6	7	8	9	10	11	12

식물명	줄무늬대사초
학 명	*Carex siderosticha* Hance. 'Variegata'
영 명	Variegated Sedge
별 명	무늬대사초
생활형	다년초
개화기	4~6월
화 색	백색
초장, 초폭	30cm, 40cm

용 도	경계식재, 분화용, 지피식물원
번식방법	분주
생육적온	10~21℃
내한성	−15℃
광 요구도	양지, 반음지
수분 요구도	많음, 건조에도 강한 편
관리포인트	봄에 죽은 지상부를 갈퀴 등으로 제거해 줌
비 고	노란 줄무늬가 들어간 잎 관상

43. 사초과(Cyperaceae)

1	2	3	4	5	6	7	8	9	10	11	12

식물명	종려방동사니
학 명	*Cyperus alternifolius* L. (*C. involucratus*)
영 명	Umbrella Plant, Umbrella Papyrus, Umbrella Sedge
별 명	시페루스
생활형	온실 다년초
개화기	연중
화 색	녹색
초장, 초폭	1.2~1.8m, 40cm
용 도	수생정원, 분화용, 컨테이너

번식방법	종자(18~21℃), 분주(봄)
생육적온	18~25℃
내한성	0℃
광 요구도	반음지
수분 요구도	많음
관리포인트	양지나 덥고 건조한 공기에 출되면 잎이 탄다.
비 고	우산 살 모양으로 펼쳐진 잎을 관상 유독성 식물이므로 식용 금지 줄기 단면이 삼각형 또는 원

43. 사초과(Cyperaceae)

1	2	3	4	5	6	7	8	9	10	11	12

식물명	파피루스
학 명	*Cyperus papyrus* L.
영 명	Egyptian Paper Rush, Papyrus
생활형	온실 다년초
관상기	연중
화 색	녹색
초장, 초폭	3m, 0.6~1.2m
용 도	분화용, 컨테이너, 수생식물원
번식방법	종자(18~21℃), 분주(봄)
생육적온	16~30℃
내한성	8℃
광 요구도	양지, 반음지
수분 요구도	많음
관리포인트	항상 습하게 유지
비 고	우산 살 모양으로 펼쳐진 잎을 관상 유독성 식물이므로 식용 금지 줄기 단면이 원형임

43. 사초과(Cyperaceae)

1	2	3	4	5	6	7	8	9	10	11	12

식물명	해오라비사초
학 명	*Rhynchospora latifolia* (Baldwin ex Elliott) W. W. Thomas (*Dichromena latifolia*)
영 명	Short-Bristled Horned Beak-Sedge
별 명	꽃방동사니, 백로사초
생활형	다년초
개화기	6~10월
화 색	백색
초장, 초폭	40cm, 30cm
용 도	수생식물원, 습지원, 수제화단
번식방법	종자, 분주(봄, 가을)
생육적온	16~30℃
내한성	-15℃
광 요구도	반음지, 양지
수분 요구도	많음
관리포인트	월동을 위하여 가을에 시든 꽃대를 제거해야 함 3~4년마다 분주해야 함
비 고	해오라비난초를 닮았다고 하여 해오라비사초로 부름

43. 사초과(Cyperaceae)

1	2	3	4	5	6	7	8	9	10	11	12

식물명	무늬고랭이
학 명	*Scirpus holoschoenus* 'Variegatus'
생활형	다년초
개화기	7~10월
화 색	갈색
초장, 초폭	80cm, 30cm
용 도	지피식물원, 습지식물원

번식방법	종자, 분주(봄, 가을)
생육적온	16~30℃
내한성	-15℃
광 요구도	양지
수분 요구도	많음
관리포인트	월동을 위하여 가을에 시든 꽃대를 잘라주어야 함 물가나 산지 습지에서 자람
비 고	'Variegatus' 는 무늬가 있는 뜻임

43. 사초과(Cyperaceae)

1	2	3	4	5	6	7	8	9	10	11	12

식물명	방울고랭이
학 명	*Scirpus wichurae* var. *asiaticus* (Beetle) T.Koyama
별 명	개왕골, 방울골, 왕굴아재비
생활형	다년초
개화기	7~10월
화 색	갈색
초장, 초폭	80cm, 30cm
용 도	지피식물원, 습지식물원
번식방법	종자, 분주(봄, 가을)
생육적온	16~30℃
내한성	−15℃
광 요구도	양지
수분 요구도	많음
관리포인트	월동을 위하여 가을에 시든 꽃대를 제거함 물가나 산지 습지에서 자람

44. 산토끼꽃과(Dipsacaceae)

1	2	3	4	5	6	7	8	9	10	11	12

식물명	서양솔체꽃	번식방법	종자(번식이 매우 어려움)
학 명	*Scabiosa atropurpurea* L.	생육적온	16~30℃
경 명	Sweet Scabious	내한성	-18℃
생활형	일, 이년초	광 요구도	양지
개화기	6~10월	수분 요구도	보통
화 색	적색, 분홍색, 백색, 남색	비 고	atropurpurea는 흑자색이라는 뜻임
초장, 초폭	70cm, 30cm		
용 도	분화용, 절화용, 지피식물원		

44. 산토끼꽃과(Dipsacaceae)

1	2	3	4	5	6	7	8	9	10	11	12

식물명	솔체꽃
학 명	*Scabiosa tschiliensis* Gruning
영 명	Hopei Scabious
별 명	체꽃
생활형	이년초
개화기	7~9월
화 색	보라색
초장, 초폭	80cm, 30cm
용 도	분화용, 절화용, 식용, 약용, 지피식물원
번식방법	종자, 분주(봄, 가을)
생육적온	16~30℃
내한성	−18℃
광 요구도	양지
수분 요구도	보통

45. 산형화과(Umbelliferae/Apiaceae)

1	2	3	4	5	6	7	8	9	10	11	12

식물명	무늬산미나리(무늬안젤리카)
학 명	*Aegopodium podagraria* 'Variegatum'
영 명	Bishop's Weed, Goutweed, Ground Elder, Herb Gerard, Ashweed, Ground Ash
별 명	안젤리카
생활형	다년초(포복형)
개화기	5~6월
화 색	백색
초장, 초폭	90cm

용 도	지피용, 경관식재, 허브정원
번식방법	근경번식(봄, 가을)
생육적온	16~30℃
내한성	−15℃
광 요구도	반음지
수분 요구도	보통
관리포인트	종자 떨어지기 전에 화경 제거해야 함
비 고	산미나리에 비해 잡초성이 다소 약함 잡초와 경쟁력이 우수하므로 지피용으로 사용

45. 산형화과(Umbelliferae/Apiaceae)

1	2	3	4	5	6	7	8	9	10	11	12

식물명	구릿대
학 명	*Angelica dahurica* (Fisch. ex Hoffm.) Benth. & Hook.f. ex Franch. & Sav.
별 명	구리때, 구렁대, 수리대
생활형	이년초(단명성 다년초)
개화기	6~8월
화 색	흰색
초장, 초폭	1~2m, 1m
용 도	화단용, 습지원, 식용, 약용

번식방법	종자(층적저장, 수세, 저온처리 후 파종)
생육적온	15~25℃
내한성	−15℃
광 요구도	양지
수분 요구도	많음
관리포인트	물빠짐이 모래 땅에서 가는 뿌리 발달 유기물 함량이 많은 사질 토양에 식재

45. 산형화과(Umbelliferae/Apiaceae)

1	2	3	4	5	6	7	8	9	10	11	12

식물명	참당귀
학 명	*Angelica gigas* Nakai
별 명	승검초, 승엄초, 신감채, 당귀, 산당귀(영남)
생활형	이년초(단명성 다년초)
개화기	6~8월
화 색	흰색
초장, 초폭	1~2m, 1m
용 도	화단용, 습지원, 식용, 약용
번식방법	종자(층적저장, 수세, 저온처리 후 파종)

생육적온	15~25℃
내한성	−15℃
광 요구도	양지
수분 요구도	많음
관리포인트	물빠짐이 좋은 모래땅에서 가는 뿌리 발달 유기물 함량이 많은 사질 토양에 식재
비 고	당귀(當歸)는 한자의 뜻은 '남편이 집에 돌아온다'로서 시집가는 신부가 반드시 챙겨야 할 상비약(부인약)이라는 뜻에서 연유함

45. 산형화과(Umbelliferae/Apiaceae)

1	2	3	4	5	6	7	8	9	10	11	12

식물명	아스트란티아	용 도	Woodland Garden, 계류 주변, 고산평원
학 명	*Astrantia major* L.		
영 명	Great Masterwort, Astrantia	번식방법	종자, 분주
		생육적온	16~30℃
생활형	다년초	내한성	−17℃
개화기	5~6월	광 요구도	양지, 반음지
화 색	흰색, 분홍색, 적색	수분 요구도	충분 관수
초장, 초폭	꽃, 30~90cm	비 고	별모양의 꽃이 아름다움.

45. 산형화과(Umbelliferae/Apiaceae)

1	2	3	4	5	6	7	8	9	10	11	12

식물명	독미나리
학 명	*Cicuta virosa* L. (*Cicutaria aquatica* Lam.)
영 명	Cowbane, Northern Water Hemlock
별 명	개발나물아재비, 독물통소대, 독근채화
생활형	다년초
개화기	6~8월
화 색	백색
초장, 초폭	1m, 15~20cm
용 도	수생정원, 습지원, Bog Garden
번식방법	종자(봄, 가을), 분주
생육적온	16~30℃
내한성	−15℃
광 요구도	양지
수분 요구도	많음
비 고	멸종위기야생동식물 2급 맹독성 식물로 미나리와 혼동하여 매우 위험함 나쁜 냄새가 나며 뿌리가 녹색으로 죽순모양이며 줄기를 자르면 황색즙이 나옴

45. 산형화과(Umbelliferae/Apiaceae)

1	2	3	4	5	6	7	8	9	10	11	12

식물명	에린지움 기간테움
학 명	*Eryngium giganteum* Bieb.
영 명	Miss Willmott's Ghost, Giant Sea Holly
생활형	이년초(단명 다년초)
개화기	6~8월
화 색	보라색, 청색, 백색
초장, 초폭	1.5m, 30~45cm
용 도	절화용, 화단용, 컨테이너용, 암석원
번식방법	종자
생육적온	16~30℃
내한성	−20℃
광 요구도	양지
수분 요구도	보통
관리포인트	직근성으로 이식을 싫어함 산성토양을 싫어하므로 석회로 중화 비료가 많은 토양에서는 웃자라므로 지주 설치
비 고	잎, 줄기에 가시가 있으므로 취급 시 주의 여름철 고온다습에 약함

45. 산형화과(Umbelliferae/Apiaceae)

1	2	3	4	5	6	7	8	9	10	11	12

식물명 에린지움 플라눔
학 명 *Eryngium planum*
경 명 Flat Sea Holly, Plaisn Eryngo
생활형 다년초
개화기 6~8월
화 색 보라색, 청색
초장, 초폭 60~90cm, 30~45cm
용 도 절화용, 화단용, 컨테이너용, 암석원
번식방법 종자

생육적온 16~30℃
내한성 −20℃
광 요구도 양지
수분 요구도 보통
관리포인트 직근성으로 이식을 싫어함
산성토양을 싫어하므로 석회로 중화
비료가 많은 토양에서는 웃자라므로 지주 설치
비 고 잎, 줄기에 가시가 있으므로 취급 시 주의
여름철 고온다습에 약함

45. 산형화과(Umbelliferae/Apiaceae)

1	2	3	4	5	6	7	8	9	10	11	12

식물명	워터코인
학 명	*Hydrocotyle umbellata* L.
영 명	Dollarweed, Marsh Pennywort, Water Pennywort, Umbrella Pennyroyal
별 명	물동전
생활형	다년초
개화기	6~9월
화 색	백색
초장, 초폭	15cm, 2m
용 도	분식용, 습지원, bog garden
번식방법	종자, 분주
생육적온	5~24℃
내한성	5℃
광 요구도	양지, 반음지
수분 요구도	많음
관리포인트	기온이 낮거나 광부족 시 잎이 누렇게 변함
비 고	따뜻한 지역의 습지에서는 지피식물로 사용

46. 삼백초과(Saururaceae)

1	2	3	4	5	6	7	8	9	10	11	12

식물명	약모밀	번식방법	분주, 종자
학 명	*Houttuynia cordata* Thunb.	생육적온	16~30℃
영 명	Heart-Leaved Houttuynia	내한성	-15℃
별 명	어성초	광 요구도	양지, 반음지
생활형	다년초	수분 요구도	많음
개화기	5~6월	관리포인트	부식질이 풍부한 점질토양을 선호함
화 색	백색		
초장, 초폭	20~50cm, 1m	비 고	잎에서 생선 비린내가 나서 어성초라 부르며 항생제 대용으로 사용했음
용 도	습지원, 허브정원, 약용식물원, 지피식물원		

46. 삼백초과(Saururaceae)

1	2	3	4	5	6	7	8	9	10	11	12

식물명	삼백초
학 명	*Saururus chinensis* (Lour.) Baill.
영 명	Chinese Lizardtail
생활형	다년초
개화기	7~8월
화 색	백색
초장, 초폭	60cm, 40cm
용 도	습지원, 약용
번식방법	분주(봄, 가을)
생육적온	15~25℃
내한성	5℃
광 요구도	양지
수분 요구도	많음
관리포인트	월동을 위하여 가을에 시든 꽃대를 제거해야 함 3~4년마다 분주해야 함
비 고	멸종위기 2급 잎, 꽃, 뿌리 3부분이 백색이라 삼백초라 부름

47. 생이가래과(Salviniaceae)

1	2	3	4	5	6	7	8	9	10	11	12

식물명	큰생이가래
학 명	*Salvinia molesta* D. Mitch.
영 명	Giant Salvinia, Kariba Weed, African Pyle, Aquarium Watermoss, Koi Kandy
생활형	일년초
개화기	9월
화 색	갈색
초장, 초폭	10cm, 40cm
용 도	수재화분용, 수생식물원
번식방법	종자, 분주(봄, 가을)
생육적온	15~25℃
내한성	8℃
광 요구도	양지
수분 요구도	많음
관리포인트	늪이나 습지에서 잘 삼
비 고	수질정화 식물로 실내에서는 다년초로 월동

47. 생이가래과(Salviniaceae)

1	2	3	4	5	6	7	8	9	10	11	12

식물명	생이가래
학 명	*Salvinia natans* (L.) All.
영 명	Salvinia
생활형	일년초
개화기	9월
화 색	갈색
초장, 초폭	10cm, 20cm
용 도	수채화분용, 수생식물원
번식방법	종자, 분주(봄, 가을)

생육적온	15~25℃
내한성	8℃
광 요구도	양지
수분 요구도	늪이나 습지에서 잘 자람
관리포인트	너무 많이 번식되면 솎아 주어야 함
비 고	뿌리가 없는 식물로 뿌리처럼 보이는 것은 잎이 변형되어 갈라진 것

48. 석류풀과(Aizoaceae)

1	2	3	4	5	6	7	8	9	10	11	12

식물명	리빙스턴데이지
학 명	*Dorotheanthus bellidiformis*(Burm. f.) N. E. Br. (*Mesembryanthemum bellidiforme*)
영 명	Livingston Daisy, Ice plant
생활형	일년초(다육)
개화기	춘파(6~7월), 추파(3~6월)
화 색	적색, 분홍색, 황색, 백색 등 다양한 색
초장, 초폭	10~15cm, 30cm
용 도	Flower Carpet, 화단용, 분화용
번식방법	종자(16~19℃, 2~3주)
생육적온	16~30℃
내한성	5℃
광 요구도	양지
수분 요구도	적음
관리포인트	배수가 잘되고 비옥하지 않은 토양에 식재 시든 꽃 제거로 관상가치 향상과 개화기 연장

48. 석류풀과(Aizoacaeae)

1	2	3	4	5	6	7	8	9	10	11	12

식물명	사철채송화
학 명	*Lampranthus spectabilis* N.E.Br.
영 명	Lampranthus
별 명	송엽국, 양채송화, 람프란서스
생활형	상록다육다년초
개화기	4~6월
화 색	분홍색
초장, 초폭	20cm, 30cm
용 도	고산정원, 암석원, 화단용, 공중걸이용, 지피정원,
번식방법	종자, 삽목, 분주(봄, 가을)
생육적온	16~30℃
내한성	−18℃
광 요구도	양지
수분 요구도	보통
관리포인트	건조에 매우 강함 활력 유지를 위하여 3~4년마다 분주
비 고	잎 모양이 소나무잎 같아 송엽국이라 부름

49. 석죽과(Caryophyllaceae)

1	2	3	4	5	6	7	8	9	10	11	12

식물명	선홍초	번식방법	종자(단명종자)
학 명	*Agrostemma githago* L.	생육적온	16~30℃
영 명	Agrostemma, Corn-Cockle	내한성	-15℃
별 명	아그로스템마	광 요구도	양지
생활형	춘, 추파 일년초	수분 요구도	보통
개화기	6~8월	관리포인트	시든 꽃 제거 시 개화기 연장 고온 다습, 과비 주의
화 색	적색	비 고	독성 주의(종자)
초장, 초폭	60~90cm, 30cm		
용 도	화단용, Cottage Garden, 밀원용		

49. 석죽과(Caryophyllaceae)

1	2	3	4	5	6	7	8	9	10	11	12

식물명	남도라지
학 명	*Arenaria montana* L.
영 명	Mountain Sandwort
별 명	몬타나 벼룩이자리
생활형	다년초
개화기	5월
화 색	흰색
초장, 초폭	10cm, 30cm
용 도	분화용, 암석원, 고산식물원
번식방법	삽목(잎, 뿌리)
생육적온	15~25℃
내한성	−15℃
광 요구도	양지, 반음지
수분 요구도	적음
관리포인트	고온다습 주의(건조하게 유지) 여름철 차광 비료를 과하게 주지 말것

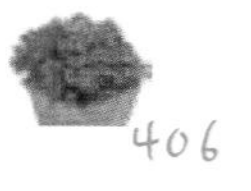

49. 석죽과(Caryophyllaceae)

1	2	3	4	5	6	7	8	9	10	11	12

식물명	하설초
학 명	*Cerastium tomentosum* L.
영 명	Snow in Summer, Snow plant
별 명	여름눈꽃
생활형	다년초 (포복성)
개화기	5~6월
화 색	백색
초장, 초폭	15cm, 15~30cm
용 도	컨테이너용, 화단용, 분화용, 암석원, 고산식물원, 지피식물원, 벽정원
번식방법	종자(봄), 분주, 삽목
생육적온	15~25℃
내한성	-15℃
광 요구도	양지
수분 요구도	적음, 배수가 안 되는 토양에서는 뿌리 썩음병 발생
관리포인트	고온 다습에 약함 개화 후 줄기를 잘라 퍼트하게 유지
비 고	여름에 눈이 내린 듯 흰색을 보인다 하여 하설초라 부름

49. 석죽과(Caryophyllaceae)

1	2	3	4	5	6	7	8	9	10	11	12

식물명	수염패랭이꽃
학 명	*Dianthus barbatus* var. *asiaticus* Nakai
영 명	Sweet William
별 명	석죽
생활형	이년초(단명 숙근초)
개화기	6~8월
화 색	적색, 주황색, 자주색, 분홍색, 백색
초장, 초폭	30~70cm, 30~50cm
용 도	컨테이너용, 절화용, 경관식재용, 암석원
번식방법	종자(봄, 여름, 다음 해 개화) 분주(가을), 삽목(5. 6월, 반숙지삽)
생육적온	5~20℃
내한성	−15℃(종자)
광 요구도	양지
수분 요구도	적음, 내건성 식물
관리포인트	습기에 약하므로 과습주의 개화 후 절단하면 재개화 가능 약알칼리성 토양에서도 잘 자람

49. 석죽과(Caryophyllaceae)

1	2	3	4	5	6	7	8	9	10	11	12

식물명	석죽
학 명	*Dianthus chinensis* L.
영 명	Chinese Pink, Rainbow pink
별 명	패랭이꽃
생활형	이년초
개화기	5~6월
화 색	적색, 주황색, 자주색, 분홍색, 백색
초장, 초폭	30~70cm, 30~50cm
용 도	암석원, 컨테이너용, 절화용, 경관식재용
번식방법	종자(여름, 가을, 15~20℃, 5~7일) 분주(가을), 삽목(5 · 6월, 반숙지삽)
생육적온	5~20℃
내한성	−15℃(종자)
광 요구도	양지
수분 요구도	적음, 내건성 식물
관리포인트	습기에 약하므로 과습주의 개화 후 절단하면 재개화 가능 약알칼리성 토양에서도 잘 자람
비 고	향이 진하며 나비와 나방이 많이 모임 겨울에 −5℃ 이상으로 유지한 후 온실 입실 시 개화

49. 석죽과(Caryophyllaceae)

1	2	3	4	5	6	7	8	9	10	11	12

식물명	상록패랭이
학 명	*Dianthus* spp.
영 명	Maiden Pink
별 명	잔디패랭이, 연지패랭이
생활형	다년초
개화기	7~8월
화 색	분홍색
초장, 초폭	45cm, 20~30cm
용 도	암석원, 화단용
번식방법	종자(여름 직파, 20일) 삽목(5. 6월, 반숙지삽)
생육적온	16~30℃
내한성	-15℃
광 요구도	양지
수분 요구도	적음, 내건성 식물
관리포인트	습기에 약하므로 과습주의

49. 석죽과(Caryophyllaceae)

1	2	3	4	5	6	7	8	9	10	11	12

식물명	갯패랭이
학 명	*Dianthus japonicus* Thunb. (*Dianthus nipponicus* Makino)
영 명	Japanese Dianthus
생활형	이년초
개화기	7~8월
화 색	분홍색
초장, 초폭	20~50cm, 20~30cm
용 도	암석원, 컨테이너용, 절화용
번식방법	종자(여름, 다음해 개화) 삽목(5 · 6월, 반숙지삽)
생육적온	16~30℃
내한성	−15℃
광 요구도	양지
수분 요구도	적음, 내건성 식물
관리포인트	습기에 약하므로 과습주의 개화 후 절단하면 재개화 가능
비 고	향이 진하며 나비와 나방이 많이 모임 내염성 식물로 해안 정원에도 적합

49. 석죽과(Caryophyllaceae)

1	2	3	4	5	6	7	8	9	10	11	12

식물명	술패랭이	생육적온	16~30℃
학 명	*Dianthus longicalyx* Miq.	내한성	−15℃
생활형	다년초	광 요구도	양지
개화기	7~8월	수분 요구도	적음, 내건성 식물
화 색	분홍색	관리포인트	습기에 약하므로 과습주의 키가 커서 쓰러지기 쉬우므로 적심으로 키를 줄이는 것이 필요함
초장, 초폭	30~100cm, 20~30cm		
용 도	암석원, 화단용		
번식방법	종자(여름 직파, 20일) 삽목(5 · 6월, 반숙지삽)	비 고	한라산(1,500~2,000m) 자생

49. 석죽과(Caryophyllaceae)

1	2	3	4	5	6	7	8	9	10	11	12

식물명	세라스토이데스 대나물	용 도	암석원, 지피용, 분화용, 컨테이너용
학 명	*Gypsophila cerastoides* D. Don.	번식방법	종자(13~18℃), 분주, 삽목(근삽)
영 명	Chickweed Baby's-Breath, Mouse-Ear Gypsophila	생육적온	16~25℃
별 명	이끼용담	내한성	-15℃
생활형	다년초(포복형)	광 요구도	양지
개화기	5~6월	수분 요구도	보통
화 색	백색	관리포인트	꽃이 필 때는 물을 자주 줌
초장, 초폭	10~20cm, 20~30cm		

49. 석죽과(Caryophyllaceae)

1	2	3	4	5	6	7	8	9	10	11	12

식물명	안개초
학 명	*Gypsophila elegans* Bieb.
영 명	Annual Baby's Breath, Common Gypsophila, Showy Baby's Breath
별 명	석회패랭이꽃, 물안개초
생활형	추파일년초
개화기	5~6월
화 색	백색
초장, 초폭	30~50cm, 30cm
용 도	분화용, 경관식재용, 절화용, 암석원
번식방법	종자(13~18℃, 2주), 삽목
생육적온	10~25℃
내한성	5℃
광 요구도	양지
수분 요구도	보통
관리포인트	석회질 토양을 선호하므로 식재 전 석회 시비

49. 석죽과(Caryophyllaceae)

1	2	3	4	5	6	7	8	9	10	11	12

식물명	대나물
학 명	*Gypsophila oldhamiana* Miq.
영 명	Oldham's Baby's Breath, Manchurian Baby's Breath
별 명	마디나물
생활형	다년초
개화기	6~7월
화 색	백색
초장, 초폭	50~100cm
용 도	절화용, 암석원
번식방법	종자(13~18℃, 2주), 삽목
생육적온	10~25℃
내한성	−15℃
광 요구도	양지
수분 요구도	적음
관리포인트	석회질 토양을 선호하므로 식재 전 석회 시비
비 고	오염 물질 흡착능력이 뛰어남

49. 석죽과(Caryophyllaceae)

1	2	3	4	5	6	7	8	9	10	11	12

식물명	숙근안개초
학 명	*Gypsophila paniculata* L.
영 명	Baby's Breath
생활형	다년초
개화기	6~8월
화 색	백색, 분홍색
초장, 초폭	1.2m, 1.2m
용 도	분화용, 경관 식재용, 절화용, 암석원
번식방법	종자(13~18℃, 2주), 삽목

생육적온	10~25℃
내한성	-20℃
광 요구도	양지
수분 요구도	보통
관리포인트	석회질 토양을 선호하므로 식재 전 석회 시비 겨울철 토양이 습하지 않도록 주의 개화 후 줄기를 잘라 주어 재개화 유도

1	2	3	4	5	6	7	8	9	10	11	12

식물명	분홍안개초
학 명	*Gypsophila repens* L. var. *rosea*
영 명	Creeping Baby's Breath
별 명	왜성안개초
생활형	다년초(반상록)
개화기	5~6월
화 색	분홍색, 백색
초장, 초폭	10~20cm, 30~50cm
용 도	분화용, 컨테이너용, 암석원, 지피식물원
번식방법	종자(13~18℃, 2주), 삽목
생육적온	10~25℃
내한성	−15℃
광 요구도	양지
수분 요구도	보통
관리포인트	석회질 토양을 선호하므로 식재 전 석회 시비
비 고	내건성 식물

49. 석죽과(Caryophyllaceae)

1	2	3	4	5	6	7	8	9	10	11	12

식물명	칼세도니아 동자꽃
학 명	*Lychnis chalcedonica* L.
영 명	Burning Love, Dusky Salmon, Flower of Bristol, J erusalem Cross, Maltese Cross
별 명	소형애기동자, 수레동자
생활형	다년초
개화기	7~8월
화 색	주황색

초장, 초폭	80cm, 40cm
용 도	화단용, 절화용
번식방법	종자, 분주(봄, 가을)
생육적온	10~23℃
내한성	−18℃
광 요구도	양지
수분 요구도	많음
관리포인트	비옥한 토양 선호 가을에 지상부 제거

49. 석죽과(Caryophyllaceae)

1	2	3	4	5	6	7	8	9	10	11	12

식물명	동자꽃	번식방법	종자, 분주(봄, 가을), 삽목(줄기삽: 봄)
학 명	*Lychnis cognata* Maxim	생육적온	16~30℃
영 명	Lobate Campion	내한성	−18℃
별 명	참동자꽃	광 요구도	양지
생활형	다년초	수분 요구도	많음
개화기	7~8월	관리포인트	3~4년마다 분주 가을에 지상부 제거
화 색	주황색		
초장, 초폭	80cm, 40cm		
용 도	화단용, 절화용, 식용, 약용		

49. 석죽과(Caryophyllaceae)

1	2	3	4	5	6	7	8	9	10	11	12

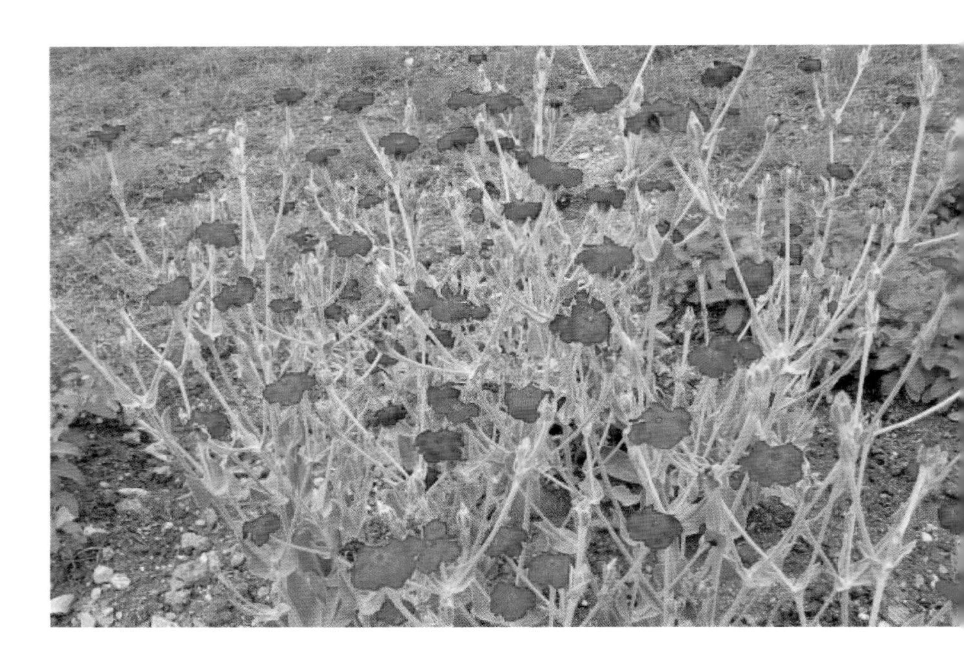

식물명	우단동자꽃
학 명	*Lychnis coronaria* (L.) Clairv.
영 명	Mullein Pink, Dusty Miller, Rose Campion
생활형	다년초
개화기	6~7월
화 색	적색, 분홍색, 백색
초장, 초폭	60cm, 30cm
용 도	정원용, 화단용, 절화용
번식방법	종자
생육적온	16~30℃
내한성	−18℃
광 요구도	양지
수분 요구도	보통 내건성 식물, 배수가 잘된 토양
관리포인트	3~4년마다 분주해야 함 월동을 위하여 가을에 시든 꽃대 제거해야 함

49. 석죽과(Caryophyllaceae)

1	2	3	4	5	6	7	8	9	10	11	12

식물명	가는분홍동자꽃
학 명	*Lychnis flos-cuculi* L. (*Coronaria flos-cuculi*)
영 명	Ragged Robin
생활형	다년초
개화기	6~7월
화 색	분홍색
초장, 초폭	60cm, 30cm
용 도	화단용, 절화용, Bog Garden
번식방법	종자, 분주(봄, 가을)
생육적온	16~30℃
내한성	5℃
광 요구도	양지
수분 요구도	많음
관리포인트	습한 토양을 선호함

49. 석죽과(Caryophyllaceae)

1	2	3	4	5	6	7	8	9	10	11	12

식물명	털동자꽃	용 도	화단용, 절화용, 식용, 약용
학 명	*Lychnis fulgens* Fisch. ex Spreng.	번식방법	종자, 분주, 삽목
		생육적온	16~25℃
영 명	Brilliant Campion	내한성	−18℃
별 명	호동자꽃	광 요구도	양지
생활형	다년초	수분 요구도	많음
개화기	7~8월	관리포인트	가을에 지상부 제거해야 함 3~4년마다 분주해야 함
화 색	적색		
초장, 초폭	1m, 30cm	비 고	전체 긴 흰털이 있음

49. 석죽과(Caryophyllaceae)

1	2	3	4	5	6	7	8	9	10	11	12

식물명	비스카리아 동자꽃
학 명	*Lychnis viscaria* L.
영 명	German Catchfly
생활형	다년초
개화기	5~6월
화 색	연분홍
초장, 초폭	50cm, 40cm
용 도	화단용, 암석원, 고산식물원
번식방법	종자, 분주(봄, 가을), 삽목 (줄기삽 봄)

생육적온	16~25℃
내한성	−18℃
광 요구도	양지
수분 요구도	많음
관리포인트	건조 지역에도 잘 자람 월동을 위하여 가을에 시든 꽃대 제거해야 함 3~4년마다 분주해야 함

49. 석죽과(Caryophyllaceae)

1	2	3	4	5	6	7	8	9	10	11	12

식물명	붉은잎동자꽃
학 명	*Lychnis* x *arkwrightii* 'Vesvius'
영 명	Arkwright's Campion, Catchfly
생활형	다년초
개화기	5~6월
화 색	적색
초장, 초폭	60cm, 40cm
용 도	화단용, 암석원, 고산식물원
번식방법	종자 ,분주(봄, 가을), 삽목
생육적온	16~25℃
내한성	−18℃
광 요구도	양지
수분 요구도	많음
관리포인트	수분이 충분하고 비옥한 토양에서 잘 자라나 척박하고 건조한 토양에도 견디는 편임 가을에 지상부 제거 후 멀칭을 해주면 수명이 연장됨 3~4년마다 분주해야 함

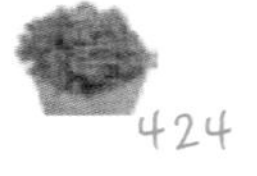

49. 석죽과(Caryophyllaceae)

1	2	3	4	5	6	7	8	9	10	11	12

식물명	비누풀
학 명	*Saponaria officinalis* L.
영 명	Soapwort, Bouncing Bet
별 명	솝워트
생활형	다년초
개화기	7~9월
화 색	분홍색
초장, 초폭	60cm, 40cm
용 도	허브정원, 암석원, 약용식물원
번식방법	종자, 분주(봄, 가을), 삽목(줄기삽: 봄, 가을)
생육적온	16~30℃

내한성	−15℃
광 요구도	양지
수분 요구도	보통
관리포인트	비옥한 토양에서는 쓰러지기 쉬우므로 자주 세워주어야 함 관상가치와 개화기 연장을 위해 시든 꽃 제거해야 함 가을에 지상부 제거해야 함 3~4년마다 분주해야 함
비 고	잎을 손으로 비비면 거품이 나 비누로 쓸 수 있음

49. 석죽과(Caryophyllaceae)

1	2	3	4	5	6	7	8	9	10	11	12

식물명	끈끈이대나물
학 명	*Silene armeria* L.
영 명	William Catchfly, Garden Catchfly, None-So-Pretty
별 명	시레네
생활형	추파 일년초
개화기	6~8월
화 색	백색, 분홍색
초장, 초폭	60cm, 30cm
용 도	화단용, 지피식물원
번식방법	종자
생육적온	16~25℃
내한성	-15℃
광 요구도	양지
수분 요구도	보통
관리포인트	관상가치와 개화기 연장을 위해 시든 꽃 제거를 해야 함

49. 석죽과(Caryophyllaceae)

1	2	3	4	5	6	7	8	9	10	11	12

식물명	시레네 디오이카
학 명	*Silene dioica* (L.) Clairv. (*Melandrium rubrum*)
영 명	Red Campion
별 명	분홍장구채
생활형	이년초
개화기	5~8월
화 색	분홍색
초장, 초폭	60cm, 30cm
용 도	화단용, 지피식물원

번식방법	종자
생육적온	16~25℃
내한성	−25℃
광 요구도	양지, 반음지
수분 요구도	보통
관리포인트	질소질이 풍부한 토양에서 잘 자람 여름철 고온과 건조에 약함 월동을 위하여 가을에 시든 꽃대 제거해야 함

49. 석죽과(Caryophyllaceae)

1	2	3	4	5	6	7	8	9	10	11	12

식물명	시레네 펜둘라
학 명	*Silene pendula* L.
영 명	Pendulous Catchfly, Campion, Catchfly rentokohokki, Nodding Catchfly
별 명	분홍장구채
생활형	일년초
개화기	5~6월
화 색	분홍색

초장, 초폭	60cm, 30cm
용 도	화단용, 지피식물원
번식방법	종자
생육적온	15~23℃
광 요구도	양지
수분 요구도	보통
비 고	pendula는 늘어지다라는 뜻읻

50. 속새과(Equisetaceae)

1	2	3	4	5	6	7	8	9	10	11	12

식물명	속새
학 명	*Equisetum hyemale* L.
영 명	Common Scouring Rush, Rough Horsetail, Dutch Rush
별 명	마디초
생활형	상록 다년초
개화기	양치식물로 개화하지 않음
초장, 초폭	30~60cm, 5~10cm
용 도	습지원, Bog garden
번식방법	분주, 삽목
생육적온	16~30℃
내한성	−30℃
광 요구도	양지, 반음지
수분 요구도	많음
관리포인트	지하경의 뻗어나감이 매우 강하므로 밀폐형 화분 등에 식재하여 근권 제한을 필요로 함
비 고	줄기에 규소를 많이 함유하여 Sandpaper 대용

51. 쇠비름과(Portulacaceae)

1	2	3	4	5	6	7	8	9	10	11	12

식물명	레위시아 코틸레돈	용 도	분화용, 암석원
학 명	*Lewisia cotyledon* (S.Wats.) B.L.Rob.	번식방법	종자
		생육적온	16~25℃
영 명	Siskiyou Lewisia , Cliff Maids	내한성	−15℃ 이상
생활형	상록다년초	광 요구도	양지
개화기	5~6월	수분 요구도	적음
화 색	분홍색	관리포인트	습한 토양에서는 겨울나기 어려움 3~4년마다 분주해야 함
초장, 초폭	30cm, 20cm		

51. 쇠비름과(Portulacaceae)

1	2	3	4	5	6	7	8	9	10	11	12

식물명	긴꽃 레위시아
학 명	*Lewisia longipetala* (Piper) S.Clay
영 명	Long-Petalled Lewisia, Truckee Lewisia
생활형	상록다년초
개화기	5~6월
화 색	분홍색
초장, 초폭	30cm, 20cm

용 도	화단용, 분화용
번식방법	종자
생육적온	16~25℃
내한성	-15℃ 이상
광 요구도	양지
수분 요구도	적음
관리포인트	습한 토양에서는 겨울나기 어려움 3~4년마다 분주해야 함

51. 쇠비름과(Portulacaceae)

1	2	3	4	5	6	7	8	9	10	11	12

식물명	채송화
학 명	*Portulaca grandiflora* Hook
영 명	Rose Moss, Large Flowered Purslane, Sun Plant, Eleven O'clock
생활형	춘파 일년초
개화기	7~10월
화 색	황색, 백색, 적색, 자주색 등 다양한 색
초장, 초폭	20cm, 30cm
용 도	분화용, 화단용, 컨테이너용, 걸이화분, 지피식물원
번식방법	종자, 삽목(줄기삽: 봄, 가을)
생육적온	16~30℃
광 요구도	양지
수분 요구도	적음
관리포인트	내건성 식물로 과습하면 안 됨
비 고	낮에 활짝 피고 오후 늦게 시드면서 핌 관상가치와 개화기 연장을 위해 시든 꽃 제거

51. 쇠비름과(Portulacaceae)

1	2	3	4	5	6	7	8	9	10	11	12

식물명	카멜레온 채송화	용 도	분화용, 화단용, 컨테이너용, 걸이화분, 지피식물원
학 명	*Portulaca oleracea* L. var. *granatus* 'Chameleon'	번식방법	삽목(봄, 가을)
별명	오색포체리카, 무늬 포체리카	생육적온	16~30℃
생활형	일년초	광 요구도	양지
개화기	7~10월	수분 요구도	적음
화 색	황색, 백색, 적색, 자주색 등의 다양한 색	관리포인트	지속적인 개화를 위하여 시든꽃 제거해야 함
초장, 초폭	20cm, 30cm	비 고	일년초이나 실내에서 월동하여 다년초로 기를 수 있음

52. 수련과(Nymphaeaceae)

1	2	3	4	5	6	7	8	9	10	11	12

식물명	가시연꽃
학 명	*Euryale ferox* Salisb.
영 명	Prickly Water Lily, Gorgon, Fox Nut
별 명	가시련, 가시연, 개연
생활형	일년생(수생식물)
개화기	7~8월
화 색	자색
초장, 초폭	1~3m, 1.5m
용 도	수생식물원
번식방법	종자(21℃, 수확 후 직파, 건조시키지 말 것)
생육적온	16~30℃
광 요구도	양지
수분 요구도	많음
관리포인트	0.6~1.5m 깊이의 물속에 식재 봄에 물을 따뜻하게 유지해야 여름에 개화함
비 고	잎, 줄기, 꽃에 가시가 많음 멸종위기식물 2급

52. 수련과(Nymphaeaceae)

1	2	3	4	5	6	7	8	9	10	11	12

식물명	연꽃
학 명	*Nelumbo nucifera* Gaertn.
영 명	East Indian Lotus
별 명	불좌수, 연의, 연화, 연예, 연
생활형	다년초
개화기	7~8월
화 색	분홍색
초장, 초폭	1m, 50cm
용 도	꽃꽂이용, 수재화단, 수생식물원, 식용, 약용
번식방법	종자(종피처리 필요), 근경, 분주(봄, 가을)
생육적온	16~30℃
내한성	−18℃
광 요구도	양지
수분 요구도	많음
관리포인트	늪이나 연못에서 잘 자람
비 고	nucifera는 견과가 있다는 뜻임

52. 수련과(Nymphaeaceae)

1	2	3	4	5	6	7	8	9	10	11	12

식물명	개연꽃
학 명	*Nuphar japonicum* DC.
영 명	Cow Lily
별 명	개구리연, 개연, 긴잎련꽃(중)
생활형	다년초
개화기	8~9월
화 색	황색
초장, 초폭	20cm, 20cm
용 도	수재화단, 수생식물원

번식방법	종자, 분주(봄, 가을)
생육적온	16~30℃
내한성	5℃
광 요구도	양지
수분 요구도	많음
관리포인트	3~4년마다 분주해야 함 얕은 물속에서 잘 자람
비 고	약관심종임 남개연꽃은 수술이 빨강색임 왜개연꽃은 잎자루가 가늘고 물 위에 잎이 뜸

52. 수련과(Nymphaeaceae)

1	2	3	4	5	6	7	8	9	10	11	12

식물명	열대수련	용 도	컨테이너용, 수재화단
학 명	*Nymphaea* spp.	번식방법	종자(23~27℃), 분주(봄, 가을)
영 명	Tropical Water Liiy, Water Nymphaea	생육적온	16~30℃
		내한성	10℃
생활형	다년초	광 요구도	양지
개화기	7~8월	수분 요구도	많음
화 색	적색, 백색, 분홍색, 황색, 청색 등 다양한 색	관리포인트	휴면에 들어가면 실내로 이동하여 월동시켜야 함
초장, 초폭	1m, 30cm	비 고	수련에 비해 잎 가장자리가 주름이 있음

52. 수련과(Nymphaeaceae)

1	2	3	4	5	6	7	8	9	10	11	12

식물명	수련
학 명	*Nymphaea tetragona* Georgi.
영 명	Hardy Water Liiy, Water Nymphaea
별 명	온대수련
생활형	다년초
개화기	7~8월
화 색	적색, 백색, 분홍색, 황색, 청색 등 다양한 색
초장, 초폭	1m, 30cm
용 도	수생식물원, 수재화단
번식방법	종자(10~13℃), 분주(봄, 가을
생육적온	16~30℃
내한성	−18℃
광 요구도	양지
수분 요구도	많음
관리포인트	3~4년마다 분주해야 함
비 고	열대 수련에 비해 잎 가장자리가 밋밋함

52. 수련과(Nymphaeaceae)

1	2	3	4	5	6	7	8	9	10	11	12

식물명	아마존수련
학 명	*Victoria regia* Lindley (*V. amazonica*)
영 명	Victoria Water-Lily, Royal Water-Lily, Giant Water-Lily
별 명	쟁반연꽃
생활형	일년초
개화기	7~8월
화 색	백색, 분홍색
초장, 초폭	잎지름 1~2m, 꽃지름 40cm
용 도	수생식물원, 수재화단
번식방법	종자(29~32℃)
생육적온	21~24℃
내한성	12℃
광 요구도	양지
수분 요구도	많음
관리포인트	지속적으로 물을 교환해야 함
비 고	25℃ 이상을 유지하면 다년초로 자람 밤에만 핀다 해서 일명 *夜蓮*이라 하며 개화 시 바닐라 향기남 가을에 실내로 옮겨야 함

53. 수선화과(Amaryllidaceae)

1	2	3	4	5	6	7	8	9	10	11	12

식물명	스노우드롭
학 명	*Galanthus nivalis* L.
영 명	Snowdrop
별 명	설강화
생활형	추식구근
개화기	4월
화 색	백색
초장, 초폭	10~20cm, 10~20cm
용 도	화단용, 암석원, 잔디원, Woodland Garden
번식방법	종자, 분구(개화 후 잎이 녹색으로 남아 있을 때)
생육적온	10~23℃
내한성	-15℃
광 요구도	양지(개화기), 반음지(생장기)
수분 요구도	보통
비 고	종자부터 개화까지 4년 소요

53. 수선화과(Amaryllidaceae)

1	2	3	4	5	6	7	8	9	10	11	12

식물명	아마리릴스
학 명	*Hippeastrum hybridum* Hort.
영 명	Amaryllis, Mexican Lily, Knight's Star Lily
생활형	온실구근
개화기	5~6월
화 색	적색, 분홍색, 주황색, 백색
초장, 초폭	40~70cm, 25cm

용 도	분화용, 절화용, 컨테이너용, 구근원
번식방법	종자(16~18℃), 분구
생육적온	16~30℃
내한성	5℃
광 요구도	양지
수분 요구도	보통
관리포인트	3~5년마다 분갈이 수행 구근의 1/3정도는 밖으로 노출되도록 식재함

53. 수선화과(Amaryllidaceae)

1	2	3	4	5	6	7	8	9	10	11	12

식물명	은방울수선
학 명	*Leucojum vernum* L.
영 명	Spring Snowflake
별 명	스노우플레이크
생활형	추식구근
개화기	3~4월
화 색	백색
초장, 초폭	20cm, 20cm
용 도	화단용, 절화용, 구근원, 잔디원, Woodland Garden
번식방법	종자(10℃, 2~4주, 2~3개월 층적처리), 분구(봄, 가을)
생육적온	10~21℃
내한성	-5℃
광 요구도	반음지, 음지
수분 요구도	보통
관리포인트	광선이 필요하나 개화 후는 반그늘이 좋음 2~3년마다 분구해야 함
비 고	꽃에 향기가 있음

1	2	3	4	5	6	7	8	9	10	11	12

식물명	진노랑상사화
학 명	*Lycoris chinensis* var. *sinuolata* K. H. Tae & S. C. Ko
별 명	개상사화
생활형	춘식구근
개화기	7~8월
화 색	진황색
초장, 초폭	50cm, 40cm
용 도	화단용, 구근원
번식방법	구근
생육적온	10~21℃
내한성	−10℃
광 요구도	양지
수분 요구도	보통
관리포인트	3~4년마다 분구해야 함
비 고	멸종위기 2급, 특산식물, 위기종

53. 수선화과(Amaryllidaceae)

1	2	3	4	5	6	7	8	9	10	11	12

식물명	석산
학 명	*Lycoris radiata* L.
영 명	Spider Lily, Red Spider Lily, Hurricane Lily
별 명	가을가재무릇, 꽃무릇
생활형	춘식구근
개화기	9~10월
화 색	진홍색
초장, 초폭	50cm, 30cm
용 도	화단용, 구근원, 잔디원, 지피식물원
번식방법	분구(여름)
생육적온	10~25℃
내한성	-15℃
광 요구도	반음지, 양지
수분 요구도	보통
관리포인트	반음지일 때 개화 상태가 가장 좋음 2~3년마다 분구(초여름) 겨울에는 낙엽 등으로 멀칭 해주는 것이 좋음
비 고	잎이 진 후에 꽃이 피며 꽃이 지고 나서 잎이 나옴 구근에는 독성이 있으므로 식용 시 주의

53. 수선화과(Amaryllidaceae)

1	2	3	4	5	6	7	8	9	10	11	12

식물명	백양꽃
학 명	*Lycoris sanguinea* var. *koreana* (Nakai) T.Koyama
별 명	가재무릇, 가을가재무릇
생활형	춘식구근
개화기	9~10월
화 색	주황색
초장, 초폭	30cm, 30cm
용 도	화단용, 구근원

번식방법	분구(봄, 가을)
생육적온	10~21℃
내한성	5℃
광 요구도	양지
수분 요구도	보통
관리포인트	월동을 위하여 가을에 시든 꽃대 제거해야 함 3~4년마다 분구해야 함 배수가 잘된 토양
비 고	위기종, 백양산에서 자라는 식물

53. 수선화과(Amaryllidaceae)

1	2	3	4	5	6	7	8	9	10	11	12

식물명	상사화
학 명	*Lycoris squamigera* Maxim.
영 명	Magic Lily, Resurrection Lily, Surprise Lily, Naked Lily
별 명	개가재무릇
생활형	춘식구근
개화기	7~8월
화 색	분홍색
초장, 초폭	60cm, 40cm
용 도	화단용, 구근원, 잔디원, Woodland Garden
번식방법	종자(채종 즉시 파종), 분구(봄, 가을)
생육적온	10~21℃
내한성	−15℃
광 요구도	양지, 반음지
수분 요구도	보통
관리포인트	3~5년마다 분구해 줌
비 고	꽃과 잎이 만나지 못해 상사병에 걸린 꽃이라 해서 상사화라 부름 구근은 독성이 있으므로 주의

53. 수선화과(Amaryllidaceae)

1	2	3	4	5	6	7	8	9	10	11	12

식물명	수선화
학 명	*Narcissus hybridus* Hort.
영 명	Daffodil, Chinese Sacred Lily
별 명	수선, 겹첩수선화
생활형	추식구근
개화기	3~5월
화 색	황색
초장, 초폭	40cm, 40cm
용 도	화단용, 구근원, 습지원, Woodland Garden
번식방법	분구

생육적온	10~23℃
내한성	−18℃
광 요구도	양지, 반음지
수분 요구도	많음
관리포인트	개화 시까지는 충분한 관수를 요함 배수가 안 되는 토양에서는 구근이 썩기 쉬움 잎이 시들기 전까지는 구근을 굴취하면 안 됨 3~4년마다 분구해야 함
비 고	종자발아에서 개화까지는 5~7년이 소요됨

53. 수선화과(Amaryllidaceae)

1	2	3	4	5	6	7	8	9	10	11	12

식물명	네리네
학 명	*Nerine bowdenii* W.Wats
영 명	Bowden Cornish Lily, Cape Flower, Guernsey Lily
생활형	춘식구근
개화기	9월~11월 중순
화 색	진분홍색
초장, 초폭	30cm, 30cm
용 도	화단용, 절화용, 구근원
번식방법	종자, 분구(봄, 가을)
생육적온	10~21℃
광 요구도	양지
수분 요구도	보통
관리포인트	바람이 막히고 햇볕이 잘 드는 곳에 식재해야 함 구근의 일부가 밖으로 나오도록 식재해야 함 습하면 구근이 썩기 쉬우므로 배수를 좋게 해야 함 겨울에 낙엽으로 보온해야 함 3~4년마다 분구해야 함
비 고	구근에는 독성이 있으므로 식용 금지

53. 수선화과(Amaryllidaceae)

1	2	3	4	5	6	7	8	9	10	11	12

ㅓ물명	설란	번식방법	분구(봄, 가을)
ㅏ 명	*Rhodohypoxis baurii* Nel.	생육적온	10~21℃
ㅕ 명	Rhodohypoxis	내한성	−5℃
ㅕ 명	로도히포시스	광 요구도	반음지
ㅐ활형	구근류	수분 요구도	보통
ㅐ화기	4~6월	관리포인트	고온에 약하며 5~15℃에서 기르면 꽃을 오래 볼 수 있음
ㅏ 색	백색, 분홍색, 적색		
ㅊ장, 초폭	20cm, 10cm		
ㅇ 도	화단용, 분화용, 지피식물원, 암석원		

53. 수선화과(Amaryllidaceae)

1	2	3	4	5	6	7	8	9	10	11	12

식물명	꽃마늘
학 명	*Tulbaghia violacea* Harv.
영 명	Wild garlic, Society Garlic
생활형	다년초
개화기	5~8월
화 색	연자주색
초장, 초폭	40cm, 30cm
용 도	화단용, 지피식물원
번식방법	종자, 분주(봄, 가을)

생육적온	16~30℃
내한성	−10℃
광 요구도	양지
수분 요구도	보통
관리포인트	배수가 잘된 토양 월동을 위하여 가을에 시든 꽃대를 잘라주어야 함 3~4년마다 분주해야 함
비 고	야간에 달콤한 라일락 향기가 남

1	2	3	4	5	6	7	8	9	10	11	12

식물명	나도사프란	용 도	화단용, 분화용, 지피식물원, 구근원
학 명	*Zephyranthes candida* (Lindl.) Herb.	번식방법	종자, 분구(봄, 가을)
영 명	Rain Lily, White Amaryllis	생육적온	18~22℃
별 명	실란	내한성	−10℃
생활형	춘식 구근류	광 요구도	양지, 반음지
개화기	7~10월	수분 요구도	많음
화 색	백색	관리포인트	가을에 구근을 굴취하여 완전히 건조하지 않게 보관
초장, 초폭	40cm, 30cm	비 고	비가 온 후에 개화한다 하여 Rain Lily라 부름

54. 숫잔대과(Lobeliaceae)

1	2	3	4	5	6	7	8	9	10	11	12

식물명	이소토마
학 명	*Isotoma axillaris* (Lindl.) E.Wimm. (*Laurentia axillaris*)
영 명	Rock Isotome, Blue Star Creeper
생활형	일년초
개화기	7~8월
화 색	청자색

초장, 초폭	30cm, 20cm
용 도	화단용, 암석원, 고산식물원
번식방법	파종(봄), 삽목(줄기삽, 봄)
생육적온	16~30℃
광 요구도	양지
수분 요구도	적음
관리포인트	과습에 약함
비 고	원래는 다년초이지만 1년초로 취급

54. 숫잔대과(Lobeliaceae)

1	2	3	4	5	6	7	8	9	10	11	12

식물명	누운애기별꽃
학 명	*Isotoma fluviatilis* ssp. *australis*
영 명	Swamp Isotome
생활형	다년초
개화기	7~8월
화 색	백색
초장, 초폭	15cm, 15cm

용 도	화단용, 습지원, 수생식물원, 지피식물원
번식방법	분주(봄, 가을), 삽목
생육적온	16~30℃
내한성	−18℃
광 요구도	반음지, 양지
수분 요구도	많음
관리포인트	흙이 마르지 않도록 주의

54. 숫잔대과(Lobeliaceae)

1	2	3	4	5	6	7	8	9	10	11	12

식물명	붉은숫잔대
학 명	*Lobelia cardinalis* L.
영 명	Cardinal Flower
생활형	다년초
개화기	7~8월
화 색	적색
초장, 초폭	60cm, 30cm
용 도	화단용, 습지원
번식방법	종자, 분주(봄, 가을)
생육적온	15~26℃
내한성	−12℃
광 요구도	반음지, 양지
수분 요구도	보통
관리포인트	습지에서 잘 살기에 건조하면 안 됨 3~4년마다 분주해야 함 월동을 위하여 가을에 다 진 꽃대 제거해야 함

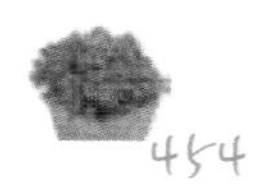

54. 숫잔대과(Lobeliaceae)

1	2	3	4	5	6	7	8	9	10	11	12

식물명	로벨리아 에리누스	용 도	화단용, 습지원
학 명	*Lobelia erinus* L.	번식방법	종자(봄, 가을)
영 명	Edging Lobelia	생육적온	10~21℃
생활형	일년초	내한성	5℃
개화기	5~6월	광 요구도	반음지, 양지
화 색	자주색, 분홍색, 백색 등 다양한 색	수분 요구도	보통
		관리포인트	건조되지 않도록 주의해야 함
초장, 초폭	20cm, 30cm	비 고	많은 원예품종이 있음

54. 숫잔대과(Lobeliaceae)

1	2	3	4	5	6	7	8	9	10	11	12

식물명	숫잔대
학 명	*Lobelia sessilifolia* Lamb
영 명	Sessile Lobelia
별 명	진들도라지, 잔대아재비, 습잔대
생활형	다년초
개화기	7~8월
화 색	청자색
초장, 초폭	40cm, 40cm
용 도	화단용, 습지원

번식방법	종자, 분주(봄, 가을)
생육적온	16~25℃
내한성	−18℃
광 요구도	반음지, 양지
수분 요구도	보통
관리포인트	건조하지 않도록 주의해야 함 월동을 위하여 가을에 지상부 제거해야 함

54. 숫잔대과(Lobeliaceae)

1	2	3	4	5	6	7	8	9	10	11	12

식물명	미국숫잔대	번식방법	종자, 분주(봄, 가을)
학 명	*Lobelia siphilitica* L.	생육적온	16~25℃
영 명	Great Blue Lobelia	내한성	−18℃
생활형	다년초	광 요구도	반음지, 양지
개화기	7~9월	수분 요구도	보통
화 색	청자색	관리포인트	건조하지 않도록 주의해야 함 월동을 위하여 가을에 지상부 제거해야 함
초장, 초폭	50cm, 40cm		
용 도	화단용, 습지원		

55. 시계초과

1	2	3	4	5	6	7	8	9	10	11	12

식물명	시계초
학　명	*Passiflora caerulea* L.
영　명	Blue Passion Flower, Hardy Passion Flower
별　명	꽃시계덩굴
생활형	덩굴성상록다년초
개화기	5~6월
화　색	흰색 바탕에 분홍색 띰, 연남색
초장, 초폭	1m, 40cm
용　도	화단용, 덩굴식물원
번식방법	종자(20℃, 12시간 물에 침지), 삽목, 취목
생육적온	16~30℃
내한성	-5℃
광 요구도	양지
수분 요구도	보통
관리포인트	그물망이나 지주 세워져야 함 비료 분이 많으면 무성하게 자라며 개화상태 불량해짐 공중습도가 높은 것을 선호하나 환기 불량 시 병해 발생됨

1	2	3	4	5	6	7	8	9	10	11	12

식물명	알리섬 몬타눔
학 명	*Alyssum montanum* L. 'Berggold'
영 명	Madwort
생활형	다년초
개화기	5월
화 색	황색
초장, 초폭	5~25cm, 50cm
용 도	화단, 암석원
번식방법	녹지삽(늦봄, 초여름), 종자, 분주
생육적온	15~25℃
내한성	−15℃
광 요구도	양지
수분 요구도	적음
관리포인트	비료가 많으면 영양생장이 왕성하여 개화 감소함 개화 후 잘라줄 것(퍼팩트하게 유지됨)
비 고	알리섬으로 흔히 판매되는 Sweet Alyssum은 일년초로 *Lobularia maritima*임

56. 십자화과(Brassicaceae)

1	2	3	4	5	6	7	8	9	10	11	12

식물명	유채
학 명	*Brassica napus* L. (*Brassica napiformis* Ball)
영 명	Rape
생활형	이년초
개화기	3~5월
화 색	황색
관상부위	1m
용 도	식용, 경관식재
번식방법	종자(20~25℃)
생육적온	15~20℃
내한성	−5℃
광 요구도	양지
수분 요구도	보통관수
관리포인트	겨울철에 습하지 않도록 주의해야 함

1	2	3	4	5	6	7	8	9	10	11	12

식물명	꽃양배추
학 명	*Brassica oleraceae* L. var. *acephala* DC.
영 명	Flowering Cabbage, Flowering Kale, Ornamental Cabbage, Ornamental Kale
별 명	색양배추
생활형	일년초
관상시기	10~12월
엽 색	적색, 흰색, 황색, 자주색 등 다양한 색
초장, 초폭	30cm, 30cm
용 도	겨울 화단, 봄 화단, 식용
번식방법	종자
생육적온	5~21℃
내한성	−10℃
광 요구도	양지
수분 요구도	보통 관수
관리포인트	10℃ 이하로 떨어질 때 색이 진하게 나옴
비 고	다양한 원예 품종이 있음

56. 십자화과(Brassicaceae)

1	2	3	4	5	6	7	8	9	10	11	12

식물명	이베리스 셈페르비렌스
학　명	*Iberis sempervirens* L. (*I. commutata*)
영　명	Evergreen Candytuft, Edging Candytuft
별　명	눈꽃, 설화
생활형	다년초
개화기	5~6월
화　색	백색
초장, 초폭	30cm, 30~45cm
용　도	분화용, 암석원, 걸이화분
번식방법	종자(15~18℃, 2~3주), 삽목(녹지삽)
생육적온	10~21℃
내한성	3~5℃
광 요구도	양지
수분 요구도	보통
관리포인트	산성 토양을 싫어하므로 식재 시 석회시용 배수성 좋은 토양이 필수적임 개화 후 줄기를 1/3까지 잘라 주면 초형을 컴팩트하게 유지함
비　고	*I. umbellata*, *I. amara*는 일 년초임

1	2	3	4	5	6	7	8	9	10	11	12

식물명	스위트알리섬
학 명	*Lobularia maritima* Desv. (*Alyssum maritimum*)
영 명	Sweet Alyssum, Seaside Lobularia
별 명	애기냉이꽃
생활형	일년초(단명숙근초)
개화기	4~6월
화 색	연청자색, 분홍색, 백색
초장, 초폭	10~20cm, 15~30cm
용 도	화단용, 컨데이너정원
번식방법	종자(10~20℃), 분주(봄, 가을)
생육적온	10~21℃
내한성	5℃
광 요구도	양지, 반음지
수분 요구도	보통
관리포인트	너무 과습하면 썩음
비 고	1년 생장 후에는 컴팩트한 습성이 사라지므로 일년초로 관리함 향이 매우 좋음

56. 십자화과(Brassicaceae)

1	2	3	4	5	6	7	8	9	10	11	12

식물명	동전초
학 명	*Lunaria annua* L. (*L. biennis*)
영 명	Money Plant, Honesty, Silver Dollar, Satin Flower
생활형	일이년초
개화기	5월
화 색	자색
초장, 초폭	80cm, 40cm

용 도	화단용, 건조화
번식방법	종자, 분주(봄, 가을)
생육적온	5~20℃
내한성	−15℃
광 요구도	반음지, 양지
수분 요구도	많음
관리포인트	비옥한 토양
비 고	열매 모양이 동전 모양 같아 동전초라 부름 벌과 나비를 많이 끌어들임

56. 십자화과(Brassicaceae)

1	2	3	4	5	6	7	8	9	10	11	12

ㅣ물명	스톡
ㅏ 명	*Matthiola incana* R. Br. (*Cheiranthus incanus*)
ㅕ 명	Stock, Gillyflower, Brompton Stock
ㅕ 명	비단향꽃무
ㅐ활형	이년초
ㅐ화기	3~4월(온실 12월~5월)
ㅏ 색	적색, 연황색, 황색
ㅊ장, 초폭	60cm, 20cm

용 도	화단용, 컨테이너용, 절화용
번식방법	종자(봄)
생육적온	10~20℃
내한성	5℃
광 요구도	양지
수분 요구도	보통
관리포인트	산성 토양을 싫어함 여름철 고온 다습에 약하나 가을에 다시 회복됨
비 고	벌과 나비를 끌어들임

56. 십자화과(Brassicaceae)

1	2	3	4	5	6	7	8	9	10	11	12

식물명	꽃무
학 명	*Orychophragmus violaceus* (L.) O. E. Schulz
영 명	Chinese Violet Cress
별 명	소래풀, 보라유채, 제비냉이, 제갈채
생활형	추파 일년초
개화기	4~5월
화 색	분홍색
초장, 초폭	70cm, 40cm
용 도	화단용, 분화용
번식방법	종자(가을)
생육적온	10~21℃
내한성	−18℃
광 요구도	양지
수분 요구도	보통
관리포인트	관상가치와 개화기 연장을 위해 시든 꽃 제거해야 함
비 고	−5℃까지는 잎이 떨어지지 않음

57. 아마과(Linaceae)

1	2	3	4	5	6	7	8	9	10	11	12

식물명	아마
학 명	*Linum usitatissimum* L.
영 명	Common Flax , Linseed
별 명	호마, 산서호마, 료독초, 亞麻
생활형	일년초
개화기	6~7월
화 색	백색, 청자색
초장, 초폭	70cm, 20cm
용 도	화단용, 섬유정원, 유지정원, 경관식재

번식방법	종자(5월, 직파)
생육적온	16~25℃
내한성	5℃
광 요구도	양지
수분 요구도	적음
관리포인트	이식을 싫어하므로 직파해야 함 비옥한 토양에서는 웃자라서 쓰러지기 쉬움 연작 장해가 있으므로 주의해야 함
비 고	섬유와 기름을 얻을 수 있음

58. 아욱과(Malvaceae)

1	2	3	4	5	6	7	8	9	10	11	12

식물명	오크라
학 명	*Abelmoschus esculentus* Moench.
영 명	Okra, Ladies Finger
생활형	춘파일년초
개화기	7~8월
화 색	황색
초장, 초폭	70cm~2m
용 도	화단용, 식용(열매), 키친가든, 허브정원
번식방법	종자발아(21~25℃), 경실 종자(24h 침지 후 종자파종)
생육적온	25~30°C
내한성	10°C(최저 온도)
광 요구도	양지
수분 요구도	보통
관리포인트	배수가 잘되는 토양 선호 다습 싫어함 열매가 달릴 때 생육이 빠르므로 밑거름 주의 초세가 왕성하면 이형과나 곡과 발생
비 고	오전에 피고 오후에 짐 붉은오크라(열매가 붉음)

58. 아욱과(Malvaceae)

1	2	3	4	5	6	7	8	9	10	11	12

식물명	접시꽃
학 명	*Althaea rosea* Cav. (*Alcea rosea*)
영 명	Hollyhock
별 명	촉규화
생활형	이년초
개화기	6~7월
화 색	흰색, 황색, 적색, 분홍색, 흑색 다양
초장, 초폭	2.5m, 60cm
용 도	화단용, 암석원, Wall Garden
번식방법	종자(봄, 여름, 13℃)
생육적온	16~30℃
내한성	−15℃
광 요구도	양지
수분 요구도	보통 관수
관리포인트	겨울 저온을 받아야 개화 유기물이 풍부한 토양에 식재, 이식 주의 건조나 습해에 약함 숙근성으로 키우려면 개화 후 15cm 이내로 절단함
비 고	일년초로 키우는 종도 있음 *A. rosea* 'Nigra' 흑색 꽃

58. 아욱과(Malvaceae)

1	2	3	4	5	6	7	8	9	10	11	12

식물명	목화
학　명	*Gossypium indicum* Lam. (*G. arboreum* var. *indicum*)
영　명	Tree cotton
별　명	면화
생활형	일년초
개화기	8~9월
화　색	백색, 황색, 자주색
초장, 초폭	60cm, 60cm
용　도	분화용, 컨테이너용
번식방법	종자
생육적온	16~30℃
광 요구도	양지
수분 요구도	보통
비　고	오전에 황백색의 꽃이 피었다가 오후에 자주색으로 시듦

58. 아욱과(Malvaceae)

1	2	3	4	5	6	7	8	9	10	11	12

식물명	단풍잎부용
학 명	*Hibiscus coccineus* Walt.
영 명	Scarlet Rose Mallow, Scarlet Hibiscus
별 명	단풍부용
생활형	다년초
개화기	8~9월
화 색	적색
초장, 초폭	1~2m, 60~90cm
용 도	화단용

번식방법	종자(12℃, 종피처리 필요), 삽목, 분주
생육적온	16~30℃
내한성	−5℃
광 요구도	양지
수분 요구도	많음
관리포인트	가을에 지상부를 잘라내고 짚 등으로 보온해야 함 겨울에 배수가 잘되는 토양 에서 월동성이 좋음

58. 아욱과(Malvaceae)

1	2	3	4	5	6	7	8	9	10	11	12

식물명	닥풀
학 명	*Hibiscus manihot* L. (*H. japonicus, Abelmoschus manihot*)
영 명	Aibika, Edible Hibiscus, Sunset Hibiscus
별 명	황촉규
생활형	일년초(다년초)
개화기	8~9월
화 색	황색
초장, 초폭	1~1.5m, 30~90cm
용 도	화단용, 습지원
번식방법	종자(10~12℃, 봄), 삽목, 분주
생육적온	16~30℃
내한성	0℃
광 요구도	양지
수분 요구도	많음
관리포인트	가을에 지상부를 잘라내고 짚 등으로 보온해야 함 겨울에 배수가 잘되는 토양에서 월동성이 좋음
비 고	꽃은 하루만 피고 지며 계속해서 피어남

58. 아욱과(Malvaceae)

1	2	3	4	5	6	7	8	9	10	11	12

식물명	미국부용
학 명	*Hibiscus moscheutos* L. (*H. oculiroseus*)
영 명	Common Rose Mallow, Swamp Rose Mallow, Marsh Mallow, Crimson Eyed Rose Mallow, Hardy Hibiscus
별 명	풀부용
생활형	다년초
개화기	7~9월
화 색	적색, 분홍색, 백색
초장, 초폭	1~2m, 1m
용 도	화단용, 습지원, 경관식재
번식방법	분주, 삽목(줄기)
생육적온	16~30℃
내한성	−15℃
광 요구도	양지
수분 요구도	보통
관리포인트	겨울에 토양 배수성을 좋게 해줘야 내한성 증가함
비 고	정원식물로 쓰이는 부용의 대부분은 미국 부용임 부용은 남부 지방에서 자라는 목본성 식물임

58. 아욱과(Malvaceae)

1	2	3	4	5	6	7	8	9	10	11	12

식물명	당아욱
학 명	*Malva sylvestris* L. var. *mauritiana* Boiss.
영 명	Mallow Flowers, Tree Mallow
별 명	대화규, 금규(錦葵), 금계, 분홍아욱
생활형	다년초
개화기	7~10월
화 색	분홍색
초장, 초폭	1m, 40cm
용 도	화단용, 허브정원, 식용, 약용
번식방법	종자, 분주(봄, 가을), 삽목
생육적온	10~21℃
내한성	−18℃
광 요구도	양지
수분 요구도	보통
관리포인트	월동을 위하여 가을에 다 진 꽃대 제거, 배수가 잘되는 토양, 건조에 강함. 3~4년마다 분주해야 함

1	2	3	4	5	6	7	8	9	10	11	12

물명	시달세아	번식방법	종자, 분주(봄, 가을)
명	*Sidalcea hybrida*	생육적온	16~25℃
명	Checkerbloom, Party's Girl, False Mallow, Praire Mallow	내한성	−15℃
		광 요구도	양지
		수분 요구도	보통
활형	다년초	관리포인트	배수가 잘된 토양, 3~4년마다 분주해야 함 월동을 위하여 가을에 시든 꽃대 제거해야 함
화기	7~8월		
색	분홍색, 백색 등 다양한 색		
장, 초폭	80cm, 30cm		
도	화단용, 지피식물원	비 고	내건성식물

59. 앵초과(Primulaceae)

1	2	3	4	5	6	7	8	9	10	11	12

식물명	시클라멘
학 명	*Cyclamen persicum* Mill.
영 명	Sowbread, Common Cyclamen
생활형	온실 구근(괴경)
개화기	11~4월
화 색	적색, 분홍색, 백색
초장, 초폭	10~40cm, 15~30cm
용 도	분화용, 컨테이너

번식방법	종자(12~15℃, 암발아, 10시간 정도 침지 후 파종)
생육적온	10~22℃
내한성	5℃
광 요구도	양지
수분 요구도	보통
관리포인트	건조와 더위 주의해야 함
비 고	다양한 화형과 색이 있음 종자 번식 시 개화까지 14개 정도 소요

1	2	3	4	5	6	7	8	9	10	11	12

식물명	미국앵초
학 명	*Dodecatheon meadia* L. (*D. pauciflorum*)
영 명	American Cowslip, Shooting Star, Cyclamen Primula
별 명	너도앵초, 인디언앵초
생활형	다년초
개화기	5월
화 색	분홍색, 백색
초장, 초폭	40cm, 25cm
용 도	분화용, Woodland Garden, 암석원
번식방법	종자(15℃, 1~2개월), 분주(가을)
생육적온	10~21℃
내한성	−15℃
광 요구도	양지, 반음지
수분 요구도	보통
관리포인트	배수성이 좋은 토양에 식재해야 함
비 고	종자에서 개화까지 3~4년 소요됨 개화 후 여름에 지상부가 휴면에 들어감

59. 앵초과(Primulaceae)

1	2	3	4	5	6	7	8	9	10	11	12

식물명	실리아타좁쌀풀
학 명	*Lysimachia ciliata*, 'Atropurpurea'
영 명	Purple-leaved Loosestrife
생활형	다년초
개화기	7~8월
화 색	황색
초장, 초폭	1m, 40cm
용 도	화단용
번식방법	종자, 분주(봄, 가을), 삽목
생육적온	16~30℃
내한성	-18℃
광 요구도	양지
수분 요구도	보통
관리포인트	배수가 잘된 토양, 3~4년마다 분주해야 함 관상가치와 개화기 연장을 위해 시든 꽃 제거해야 함 월동을 위하여 가을에 다진 꽃대 제거해야 함
비 고	잎이 자주색이어서 칼라정원에 쓰이면 좋음

59. 앵초과(Primulaceae)

1	2	3	4	5	6	7	8	9	10	11	12

식물명	큰까치수염
학 명	*Lysimachia clethroides* Duby
영 명	Gooseneck Loosestrife
별 명	민까치수염, 큰까치수영, 큰꽃꼬리풀
생활형	다년초
개화기	6~7월
화 색	백색
초장, 초폭	80cm, 40cm
용 도	화단용, 식용, 약용
번식방법	종자
생육적온	16~30℃
내한성	−18℃
광 요구도	양지
수분 요구도	보통
관리포인트	월동을 위하여 가을에 시든 꽃대 제거해야 함 3~4년마다 분주해야 함 배수가 잘된 토양

59. 앵초과(Primulaceae)

1	2	3	4	5	6	7	8	9	10	11	12

식물명	갯까치수염
학 명	*Lysimachia mauritiana* Lam
영 명	Maurit Loosestrife
별 명	갯좁쌀풀, 갯꽃꼬리풀
생활형	이년초
개화기	7~8월
화 색	백색
초장, 초폭	60cm, 40cm
용 도	화단용, 암석원

번식방법	종자
생육적온	16~30℃
내한성	−18℃
광 요구도	양지
수분 요구도	보통
관리포인트	월동을 위하여 가을에 시든 꽃대 제거해야 함 건조에도 강함, 배수가 잘 된 토양
비 고	바닷가에서 살기에 갯까치수염임

59. 앵초과(Primulaceae)

1	2	3	4	5	6	7	8	9	10	11	12

식물명	크리핑제니
학 명	*Lysimachia nummularia* L.
영 명	Creeping Jenny, Moneywort, Herb Twopence, Twopenny Grass
별 명	옐로우체인, 리시마키아
생활형	다년초
개화기	6~8월
화 색	황색
초장, 초폭	10cm, 40cm

용 도	화단용, 공중걸이용, 지피식물원
번식방법	종자, 분주(봄, 가을)
생육적온	10~21℃
내한성	−18℃
광 요구도	양지
수분 요구도	보통
관리포인트	3~4년마다 분주해야 함 공중습도 약간 습하게 함
비 고	nummularia는 화폐형(貨幣形)이라는 뜻임

59. 앵초과(Primulaceae)

1	2	3	4	5	6	7	8	9	10	11	12

식물명	양참좁쌀풀
학 명	*Lysimachia punctata* L.
영 명	Garden Loosestrife
별 명	선노랑꽃
생활형	다년초
개화기	7~8월
화 색	황색
초장, 초폭	80cm, 40cm
용 도	화단용, 습지원
번식방법	종자, 분주(봄, 가을)
생육적온	15~23℃
내한성	−18℃
광 요구도	반음지, 양지
수분 요구도	많음
관리포인트	3~4년마다 분주해야 함 월동을 위하여 가을에 시든 꽃대 제거해야 함 공중습도 약간 습하게 함
비 고	punctata는 점무늬가 있다는 뜻임

59. 앵초과(Primulaceae)

1	2	3	4	5	6	7	8	9	10	11	12

식물명	드럼스틱앵초
학 명	*Primula denticulata* Sm.
영 명	Drumstick Primrose, Himalayan Primrose
생활형	다년초
개화기	4~5월
화 색	황색
초장, 초폭	30cm, 30cm
용 도	화단용, 분화용, 지피식물원, 습지원

번식방법	종자, 분주(봄, 가을)
생육적온	10~23℃
내한성	5℃
광 요구도	반음지이나 개화기 때 양지
수분 요구도	많음
관리포인트	월동을 위하여 가을에 시든 꽃대 잘라주어야 함 3~4년마다 분주해야 함
비 고	denticulata는 가는 거치가 있다라는 뜻임

59. 앵초과(Primulaceae)

1	2	3	4	5	6	7	8	9	10	11	12

식물명	각시앵초
학 명	*Primula florindae* Kingdon-Ward
영 명	Giant Cowslip
생활형	다년초
개화기	4~5월
화 색	황색
초장, 초폭	40cm, 30cm
용 도	화단용, 분화용, 지피식물원, 습지원
번식방법	종자, 분주(봄, 가을)
생육적온	10~23℃
내한성	-18℃
광 요구도	반음지이나 개화기 때 양지
수분 요구도	많음
관리포인트	월동을 위하여 가을에 시든 꽃대 제거해야 함 3~4년마다 분주해야 함

59. 앵초과(Primulaceae)

1	2	3	4	5	6	7	8	9	10	11	12

식물명	일본앵초
학 명	*Primula japonica* A. Gray
영 명	Japanese Primrose
생활형	다년초
개화기	4~5월
화 색	적색, 백색, 자주색
초장, 초폭	30cm, 30cm
용 도	화단용, 분화용, 지피식물원, 습지원

번식방법	종자, 분주(봄, 가을)
생육적온	10~23℃
내한성	−18℃
광 요구도	반음지이나 개화기 때 양지
수분 요구도	많음
관리포인트	월동을 위하여 가을에 시든 꽃대를 제거해야 함 3~4년마다 분주해야 함
비 고	japonica는 일본산이라는 뜻임

59. 앵초과(Primulaceae)

1	2	3	4	5	6	7	8	9	10	11	12

식물명	큰앵초
학 명	*Primula jesoana* Miq.
영 명	Yalu River Primrose
생활형	다년초
개화기	7~8월
화 색	홍자색
초장, 초폭	30cm, 30cm
용 도	화단용, 분화용, 지피식물원, 습지원
번식방법	종자, 분주(봄, 가을)
생육적온	13~23℃
내한성	−18℃
광 요구도	반음지이나 개화기 때 양지
수분 요구도	많음
관리포인트	월동을 위하여 가을에 시든 꽃대를 제거해야 함 3~4년마다 분주해야 함 배수가 잘 되는 토양
비 고	jesoana는 '북해도의'라는 뜻임

1	2	3	4	5	6	7	8	9	10	11	12

식물명	프리뮬라 말라코이데스	번식방법	종자
학 명	*Primula malacoides* Franch.	생육적온	10~20℃
영 명	Fairy Primrose	내한성	5℃
생활형	일, 이년초	광 요구도	반음지
개화기	4~5월	수분 요구도	많음
화 색	분홍색, 백색 등 다양한 색	관리포인트	관상가치와 개화기 연장을 위해 시든 꽃대를 제거하면 다시 개화됨
초장, 초폭	30cm, 30cm		
용 도	화단용, 분화용, 지피식물원, 습지원	비 고	malacoides는 연한 홍색이라는 뜻임

59. 앵초과(Primulaceae)

1	2	3	4	5	6	7	8	9	10	11	12

식물명	프리뮬라 오브코니카
학　명	*Primula obconica* Hance
영　명	German Primrose, Top Primrose, Poison Primrose
생활형	일, 이년초
개화기	3~4월, 실내(11월~3월)
화　색	분홍색, 백색 등 다양한 색
초장, 초폭	30cm, 30cm
용　도	화단용, 화분용, 지피식물원, 습지원
번식방법	종자, 분주(봄, 가을)
생육적온	10~21℃
내한성	8℃
광 요구도	반음지
수분 요구도	많음
관리포인트	관상가치와 개화기 연장을 위해 시든 꽃대를 제거하면 다시 개화됨
비　고	obconica는 꽃받침통의 형이 도원추형이라는 뜻임

1	2	3	4	5	6	7	8	9	10	11	12

식물명	프리뮬라 폴리안타
학 명	*Primula polyantha* Hort. cv.
영 명	Polyanthus Primrose
생활형	일, 이년초
개화기	3~4월, 실내(11월~3월)
화 색	분홍색, 흰색 등 다양한 색
초장, 초폭	30cm, 30cm

용 도	화단용, 분화용, 지피식물원, 습지원
번식방법	종자, 분주(봄, 가을)
생육적온	10~25℃
내한성	5℃
광 요구도	반음지
수분 요구도	보통
관리포인트	관상가치와 개화기 연장을 위해 시든 꽃대를 제거하면 다시 개화됨

59. 앵초과(Primulaceae)

1	2	3	4	5	6	7	8	9	10	11	12

식물명	앵초	번식방법	종자
학 명	*Primula sieboldii* E. Morren	생육적온	10~20℃
영 명	Siebold's Primrose	내한성	5℃
생활형	다년초	광 요구도	반음지
개화기	4~5월	수분 요구도	보통
화 색	분홍색	관리포인트	월동을 위하여 가을에 시든 꽃대를 제거해야 함 환기요함 배수가 잘되는 토양, 약간다습
초장, 초폭	30cm, 30cm		
용 도	화단용, 분화용, 지피식물원, 습지원		

59. 앵초과(Primulaceae)

1	2	3	4	5	6	7	8	9	10	11	12

식물명	카우슬립
학 명	*Primula veris* L.
영 명	Cowslip, Keyflower, Palsywort, Paigle
생활형	다년초
개화기	4~5월
화 색	분홍색
초장, 초폭	30cm, 30cm
용 도	화단용, 분화용, 지피식물원, 암석원

번식방법	종자, 분주(봄, 가을)
생육적온	10~23℃
내한성	−18℃
광 요구도	양지
수분 요구도	보통
관리포인트	월동을 위하여 가을에 시든 꽃대를 제거해야 함 3~4년마다 분주해야 함

59. 앵초과(Primulaceae)

1	2	3	4	5	6	7	8	9	10	11	12

식물명	난초앵초
학 명	*Primula vialii* Delav
영 명	Poker Primrose, Vial's Primrose , Chinese Pagoda Primrose
별 명	난앵초
생활형	다년초
개화기	6~7월
화 색	분홍색
초장, 초폭	30cm, 30cm
용 도	화단용, 분화용, 지피식물원, 습지원
번식방법	종자, 분주(봄, 가을)
생육적온	10~20℃
내한성	5℃
광 요구도	반음지
수분 요구도	보통
관리포인트	월동을 위하여 가을에 시든 꽃대를 제거해야 함

59. 앵초과(Primulaceae)

1	2	3	4	5	4	7	8	9	10	11	12

식물명	프리뮬라 불가리스	번식방법	종자, 분주(봄, 가을)
학 명	*Primula vulgaris* Huds.	생육적온	10~20℃
경 명	Primrose	내한성	5℃
생활형	다년초	광 요구도	반음지
개화기	3~4월	수분 요구도	많음
화 색	백색, 자색 등 다양한 색	관리포인트	월동을 위하여 가을에 시든 꽃대를 제거해야 함 3~4년마다 분주해야 함 공중 습도 약간 다습하게 함
초장, 초폭	30cm, 30cm	비 고	vulgaris는 보통이라는 뜻임
용 도	화단용, 분화용, 지피식물원, 암석원		

60. 양귀비과(Papaveraceae)

1	2	3	4	5	6	7	8	9	10	11	12

식물명	매미꽃
학 명	*Coreanomecon hylomeconoides* Nakai [*Hylomecon hylomecoides* (Nakai) Y. N. Lee]
별 명	여름매미꽃, 개매미꽃
생활형	다년초
개화기	4~7월
화 색	황색
초장, 초폭	20~40cm, 30cm
용 도	Woodland Garden, 지피용
번식방법	종자(5월, 반그늘 낙엽수 아래 직파, 이듬해 발아)
생육적온	10~23℃
내한성	−15℃
광 요구도	반음지
수분 요구도	많음
비 고	꽃이 지속적으로 피고지어 매미가 울 때까지 핀다하여 매미꽃이라 부름 줄기를 자르면 빨간색 유액이 나와 피나물로 혼동하기 쉬우나 매미꽃은 한국 특산종으로 법정보호종이며 피나물에 비해 단경성으로 분주가 어렵고 꽃대에 잎이 달리지 않는 것이 특징임

60. 양귀비과(Papaveraceae)

1	2	3	4	5	6	7	8	9	10	11	12

식물명	금영화
학 명	*Eschscholzia californica* Cham.
영 명	California Poppy
별 명	캘리포니아 양귀비
생활형	춘파 일년초
개화기	5~6월
화 색	적색, 분홍색, 황색, 백색
초장, 초폭	30~60cm
용 도	경관식재용, 화단용, 분화용, 허브정원, 암석원
번식방법	종자
생육적온	15~25℃
내한성	10℃
광 요구도	양지
수분 요구도	보통
관리포인트	비옥한 토양에서 잎만 무성해지고 꽃 수가 적어짐
비 고	아침에 개화, 저녁이나 날씨가 흐리면 오므라듬

60. 양귀비과(Papaveraceae)

1	2	3	4	5	6	7	8	9	10	11	12

식물명	피나물
학 명	*Hylomecon vernalis* Maxim. (*H. japonica*)
영 명	Forest Poppy
별 명	노랑매미꽃, 매미꽃
생활형	다년초
개화기	4~5월
화 색	황색
초장, 초폭	30cm, 30cm
용 도	분경용, 지피식물원, woodland garden

번식방법	종자(6월), 근경삽
생육적온	10~23℃
내한성	−15℃
광 요구도	반음지
수분 요구도	많음
비 고	줄기를 자르면 붉은색의 유액이 나와 피나물이라 함(유독식물) 한국특산의 매미꽃과 유사하나 잎 겨드랑이에 꽃이 달림

1	2	3	4	5	6	7	8	9	10	11	12

식물명	흰꽃양귀비	번식방법	종자
학 명	*Papaver anomalum* Fedde	생육적온	13~23℃
생활형	이년초	내한성	−18℃
개화기	5~6월	광 요구도	양지
화 색	백색	수분 요구도	보통
초장, 초폭	60cm, 40cm	관리포인트	배수가 잘되는 토양, 월동을 위하여 가을에 시든 꽃대 제거해야 함
용 도	화단용, 분화용	비 고	꽃봉오리는 숙여 있다가 개화 시 세워져 핌

60. 양귀비과(Papaveraceae)

1	2	3	4	5	6	7	8	9	10	11	12

식물명	아이슬란드양귀비
학 명	*Papaver croceum* Ledeb.
영 명	Ice Poppy, Iceland Poppy, Arctic Poppy
별 명	꽃양귀비
생활형	일년초, 이년초
개화기	5~6월
화 색	황색, 백색, 주황색, 분홍색 등 다양한 색
초장, 초폭	30cm, 20cm
용 도	화단용, 분화용
번식방법	종자
생육적온	13~23℃
내한성	−18℃
광 요구도	양지
수분 요구도	보통
관리포인트	배수가 잘되는 토양, 월동을 위하여 가을에 시든 꽃대 제거해야 함
비 고	꽃봉오리는 숙여 있다가 개화 시 세워져 핌

60. 양귀비과(Papaveraceae)

1	2	3	4	5	6	7	8	9	10	11	12

식물명	오리엔탈양귀비
학 명	*Papaver orientale* L.
영 명	Oriental Poppy
생활형	다년초
개화기	5~6월
화 색	붉은 주황색 가운데 검정색 무늬
초장, 초폭	1m, 40cm
용 도	화단용, 분화용
번식방법	종자
생육적온	13~23℃
내한성	−18℃
광 요구도	양지
수분 요구도	보통
관리포인트	3~4년마다 분주해야 함 배수가 잘되는 토양, 월동을 위하여 가을에 시든 꽃대 제거
비 고	뿌리가 직근이어서 이식이 잘 안 됨, 많은 원예품종이 있음

60. 양귀비과(Papaveraceae)

1	2	3	4	5	6	7	8	9	10	11	12

식물명	두메양귀비
학 명	*Papaver radicatum* var. *pseudoradicatum* (Kitag.) Kitag
별 명	두메아편꽃, 산양귀비
생활형	이년초
개화기	7~8월
화 색	연황색
초장, 초폭	40cm, 40cm
용 도	화단용, 분화용, 고산식물원, 암석원
번식방법	종자
생육적온	13~23℃
내한성	−18℃
광 요구도	양지
수분 요구도	보통
관리포인트	배수가 잘되는 토양, 월동을 위하여 가을에 시든 꽃대 제거
비 고	백두산 등의 고산지역에서 자람

60. 양귀비과(Papaveraceae)

1	2	3	4	5	6	7	8	9	10	11	12

식물명	플랜더포피	용 도	화단용, 분화용
학 명	*Papaver rhoeas* L.	번식방법	종자
영 명	Corn Poppy, Field Poppy, Flanders Poppy	생육적온	13~23℃
		내한성	−18℃
별 명	개양귀비, 우미인초(虞美人草), 애기아편꽃, 꽃양귀비	광 요구도	양지
		수분 요구도	보통
생활형	일년초	관리포인트	배수가 잘되는 토양
개화기	5~6월	비 고	꽃봉오리는 숙여 있다가 개화 시 세워져 핌
화 색	적색, 자주색, 백색		
초장, 초폭	40cm, 60cm		

60. 양귀비과(Papaveraceae)

1	2	3	4	5	6	7	8	9	10	11	12

식물명	양귀비	용 도	화단용, 분화용, 약용식물원
학 명	*Papaver somnifera* L.	번식방법	종자
영 명	Opium Poppy	생육적온	13~23℃
생활형	춘파일년초	내한성	−18℃
개화기	백색, 적색, 분홍색	광 요구도	양지
화 색	6~7월	수분 요구도	보통
초장, 초폭	80cm, 40cm	관리포인트	배수가 잘되는 토양
		비 고	마약법으로 식재가 금지된 식물

61. 용담과(Gentianaceae)

1	2	3	4	5	6	7	8	9	10	11	12

식물명	꽃도라지
학 명	*Eustoma grandiflorum* (Raf.) Shinn. (*Lisianthus russellianus*)
영 명	Eustoma, Lisianthus
별 명	리시안서스, 유스토마
생활형	일, 이년초
개화기	6~9월
화 색	보라색, 청색, 분홍색, 백색
초장, 초폭	30~120cm, 30cm
용 도	분화용, 화단용, 절화용
번식방법	종자(20~25℃)
생육적온	15~25℃
내한성	5℃
광 요구도	양지
수분 요구도	보통
관리포인트	시든 꽃 제거로 개화기 연장됨
비 고	고온 조건에서 로젯트 발생하며 저온 처리로 타파해야 함

61. 용담과(Gentianaceae)

1	2	3	4	5	6	7	8	9	10	11	12

식물명	소코트라 용담
학 명	*Exacum affine* Balf.
영 명	German Violet, Persian Violet
별 명	엑사쿰
생활형	이년초
개화기	7~10월
화 색	자주색, 청색, 분홍색, 백색
초장, 초폭	25~30cm, 25~30cm
용 도	분화용, 화단용, 컨테이너용
번식방법	종자(18℃), 삽목

생육적온	16~30℃
내한성	8~10℃
광 요구도	반음지
수분 요구도	보통
관리포인트	습한 토양과 고온 피해 주의 시든 꽃 제거로 개화기 연장과 관상 가치 향상됨 시든 후에 줄기를 잘라주면 새싹이 나와 재개화함
비 고	향기가 좋으며 예멘 소코트라 섬의 특산식물

61. 용담과(Gentianaceae)

1	2	3	4	5	6	7	8	9	10	11	12

식물명	하늘용담
학 명	*Gentiana triflora* for. *montana*
별 명	이와테 용담
생활형	다년초
개화기	9~10월
화 색	청색, 분홍색, 백색
초장, 초폭	20~30cm
용 도	화단용, 분화용, 암석원
번식방법	종자(광발아, 5~6주 저온처리), 분주, 삽목
생육적온	16~30℃
내한성	−15℃
광 요구도	반음지, 양지
수분 요구도	보통
관리포인트	석회질을 싫어하므로 석회시용 금지

61. 용담과(Gentianaceae)

1	2	3	4	5	6	7	8	9	10	11	12

식물명	과남풀
학 명	*Gentiana triflora* var. *japonica* (Kusn.) H. Hara
영 명	Threeflower Gentian
별 명	큰용담, 긴잎용담, 칼잎용담
생활형	다년초
개화기	7~8월
화 색	청색
초장, 초폭	50~100cm
용 도	화단용, 절화용, 암석원
번식방법	종자(광발아, 5~6주 저온처리), 분주, 삽목
생육적온	16~30℃
내한성	−15℃
광 요구도	반음지, 양지
수분 요구도	보통
관리포인트	석회질을 싫어하므로 석회시용 금지
비 고	종자부터 개화까지 2년 이상 소요됨

62. 용설란과(Agavaceae)

1	2	3	4	5	6	7	8	9	10	11	12

식물명	실유카
학　명	*Yucca filamentosa* L. = *Yucca smalliana* Fern.
영　명	Adam's Needle, Bear Grass
별　명	실육카, 실육까
생활형	다년초
개화기	6~7월
화　색	백색
초장, 초폭	80cm, 60cm
용　도	화단용, 분화용
번식방법	종자, 분주(봄, 가을)
생육적온	10~21℃
내한성	−15℃
광 요구도	양지, 반음지
수분 요구도	보통
관리포인트	건조에도 강함 월동을 위하여 가을에 시든 꽃대를 제거해야 함 3~4년마다 분주해야 함 환기 요함
비　고	잎가에 실같은 섬유질이 있다고 하여 실유카라 부름 실유카의 잎끝이 날카로와서 식재 시 주의 요함

63. 운향과(Rutaceae)

1	2	3	4	5	6	7	8	9	10	11	12

식물명	백선
학 명	*Dictamnus dasycarpus* Turcz.
영 명	Dittany, Burning Bush, Densfruit Dittany
별 명	봉황삼, 봉삼
생활형	다년초
개화기	5~6월
화 색	백색, 적색
초장, 초폭	1m, 50cm
용 도	약용(뿌리), 허브정원, Woodland Garden
번식방법	종자(15℃, 6개월, 개화까지 3~4년 소요) 근삽
생육적온	16~30℃
내한성	−15℃, Z3
광 요구도	양지, 반음지
수분 요구도	많음
관리포인트	석회를 함유한 사질 토양을 선호하며 이식 싫어함
비 고	피부접촉 시 트러블 발생할 수 있으므로 주의 요함 산호랑나비 애벌레의 숙주 식물임

64. 유리당초과(Hydrophyllaceae)

1	2	3	4	5	6	7	8	9	10	11	12

식물명	유리당초
학 명	*Nemophila menziesii* Hook. et Arn.
영 명	Baby Blue Eye
별 명	네모필라
생활형	일년초
개화기	3~4월
화 색	백색, 하늘색
초장, 초폭	20cm, 20cm
용 도	화단용, 행잉용, 분화용
번식방법	종자
생육적온	10~23℃
내한성	0℃
광 요구도	양지
수분 요구도	많음
관리포인트	관상가치와 개화기 연장을 위해 시든 꽃 제거해야 함 배수가 잘된 토양 통풍이 잘 되어야 함

64. 유리당초과(Hydrophyllaceae)

1	2	3	4	5	6	7	8	9	10	11	12

식물명	오점네모필라
학명	*Nemophila maculata* Benth. ex Lindl.
영명	The Fivespot, Five-Spot
생활형	일년초
개화기	3~4월
화 색	백색, 황색, 적색 등 다양한 색
초장 초폭	20cm, 20cm
용도	화단용, 행잉용, 분화용
번식방법	종자, 분주(봄, 가을)
생육적온	10~23℃
내한성	0℃
광 요구도	양지
수분요구도	많음
관리포인트	관상가치와 개화기 연장을 위해 시든 꽃 제거해야 함 배수가 잘된 토양 통풍이 잘되어야 함

65. 자라풀과(Hydrocharitaceae)

1	2	3	4	5	6	7	8	9	10	11	12

식물명	자라풀
학 명	*Hydrocharis dubia* (Blume) Backer (*H. asiatica*)
영 명	Frogbit
별 명	수련아재비
생활형	다년초(수생식물)
개화기	8~9월
화 색	백색
초장, 초폭	1m
용 도	수생식물원, 습지원
번식방법	종자, 분주
생육적온	16~30℃
내한성	−10℃
광 요구도	양지
수분 요구도	많음
비 고	둥근 잎이 자라의 등 모양을 닮았고 미끈하고 윤기나는 모습이 자라를 연상한다 하여 '자라풀'이라 부름 부엽식물로 잎 뒷면 중앙부에 기포가 있음 줄기는 물의 깊이에 따라 달라짐

66. 작약과(Paeoniaceae)

1	2	3	4	5	6	7	8	9	10	11	12

식물명	백작약
학 명	*Paeonia japonica* (Makino) Miyabe & Takeda
영 명	Oriental White Paeonia
별 명	산작약
생활형	다년초
개화기	6월
화 색	백색
초장, 초폭	40cm, 40cm
용 도	화단용, 분화용, 작약원, 약용식물원
번식방법	분주, 종자
생육적온	16~30℃
내한성	−18℃
광 요구도	양지, 반음지
수분 요구도	보통
관리포인트	개화기까지 양지에 개화 후 반음지에 잘 자람 월동을 위하여 가을에 시든 꽃대 제거해야 함 배수가 잘되는 토양 3~4년마다 분주해야 함
비 고	멸종위기 취약종

66. 작약과(Paeoniaceae)

1	2	3	4	5	6	7	8	9	10	11	12

식물명	작약
학 명	*Paeonia lactiflora* Pall
영 명	Peony
별 명	적작약, 함박초, 함박꽃, 홍약(紅藥), 적약(赤藥), 백약(白藥)
생활형	다년초
개화기	5~6월
화 색	백색, 적색
초장, 초폭	60cm, 40cm
용 도	화단용, 분화용, 작약원, 약용식물원
번식방법	분주(봄, 가을), 종자
생육적온	16~30℃
내한성	−18℃
광 요구도	양지, 반음지
수분 요구도	보통
관리포인트	개화기까지 양지에 개화 후 반음지에 잘 자람 배수가 잘되는 토양 월동을 위하여 가을에 시든 꽃대 제거해야 함 3~4년마다 분주해야 함
비 고	비슷한 모란은 목본임

67. 장미과(Rosaceae)

1	2	3	4	5	6	7	8	9	10	11	12

식물명	알케밀라 몰리스
학 명	*Alchemilla mollis* (Buser) Rothm (*A. xanthochlora*)
영 명	Lady's Mantle
생활형	다년초
개화기	5~7월
화 색	황색, 초록색
초장, 초폭	60cm, 75cm
용 도	분화, 화단, 지피용, 허브정원, 암석원
번식방법	분주(봄, 가을), 종자(16℃, 3~4주
생육적온	16~30℃
내한성	−15℃
광 요구도	양지, 반음지
수분 요구도	보통
관리포인트	건조와 습지에서도 생존
비 고	잡초 방제 효과가 높음

1	2	3	4	5	6	7	8	9	10	11	12

식물명	눈개승마
학 명	*Aruncus dioicus* var. *kamtschaticus* (Maxim.) H. Hara
영 명	Goat's Beard
별 명	삼나물, 눈산승마
생활형	다년초
개화기	5~8월
화 색	흰색
초장, 초폭	30~100cm, 1m
용 도	Woodland Garden, Natural Garden, 고산식물원
번식방법	분주(잘 안 되는 편), 종자(가을, 채파)
생육적온	15~25℃
내한성	−20℃
광 요구도	반음지
수분 요구도	보통관수
관리포인트	습기가 있는 토양을 선호하나 물이 고여 있는 곳에서는 생장 불량해짐 지나친 시비는 식물체를 도장시킴
비 고	암수 딴그루임

67. 장미과(Rosaceae)

1	2	3	4	5	6	7	8	9	10	11	12

식물명	터리풀
학 명	*Filipendula glaberrima* (Nakai) Nakai
별 명	털이풀, 민터리풀
생활형	다년초
개화기	6~8월
화 색	백색
초장, 초폭	1m, 60cm
용 도	Woodland Garden, 화단용, 습지원
번식방법	종자(10~13℃, 봄), 분주, 근삽
생육적온	16~30℃
내한성	−25℃
광 요구도	반음지, 양지
수분 요구도	많음
관리포인트	부식질이 많은 점질 토양에 식재
비 고	한국 특산식물임

1	2	3	4	5	6	7	8	9	10	11	12

식물명	꽃딸기
학 명	*Fragaria* x *ananassa* Duchesne 'Pink Panda'
영 명	Strawberry Pink Panda, Garden Strawberry, Cultivated Strawberry
별 명	분홍딸기, 핑크판다 딸기
생활형	다년초(포복형)
개화기	5~7월(열매 6~8월)
화 색	분홍색
초장, 초폭	10~15cm
용 도	분화용, 정원용, 걸이화분, 채소정원, 지피식물원
번식방법	종자(13~18℃, 4주), 분주(포복경)
생육적온	16~30℃
내한성	−15℃
광 요구도	양지
수분 요구도	많음
비 고	*F. chiloensis*와 *F. virginiana*의 교잡종임

67. 장미과(Rosaceae)

1	2	3	4	5	6	7	8	9	10	11	12

식물명	야생딸기	용 도	분화용, 암석원, 걸이화분, 채소정원, 지피식물원
학 명	*Fragaria vesca* L.	번식방법	종자(13~18℃, 4주), 분주(포복경)
영 명	Wild Strawberry, Woodland Strawberry, Alpine Strawberry	생육적온	16~30℃
생활형	다년초(포복형)	내한성	−15℃
개화기	5~8월(열매 6~8월)	광 요구도	양지
화 색	백색	수분 요구도	많음
초장, 초폭	30cm	비 고	지속적으로 꽃이 피고 열매를 맺음

67. 장미과(Rosaceae)

1	2	3	4	5	6	7	8	9	10	11	12

식물명	꽃뱀무
학 명	*Geum coccineum* Sibth. et Sm.
영 명	Scarlet Avens, Scarlet Bennet
별 명	지움
생활형	다년초
개화기	5~7월
화 색	적색, 주황색, 황색
초장, 초폭	30~50cm, 30cm
용 도	화단용, 암석원, 지피식물원
번식방법	종자, 분주
생육적온	16~30℃
내한성	−15℃
광 요구도	양지
수분 요구도	보통
관리포인트	시든 꽃 제거로 개화기 연장할 수 있음 고온 다습에 약함 겨울에 배수가 나쁜 곳에서는 피해가 심함
비 고	열매의 관상 가치도 있음

67. 장미과(Rosaceae)

1	2	3	4	5	6	7	8	9	10	11	12

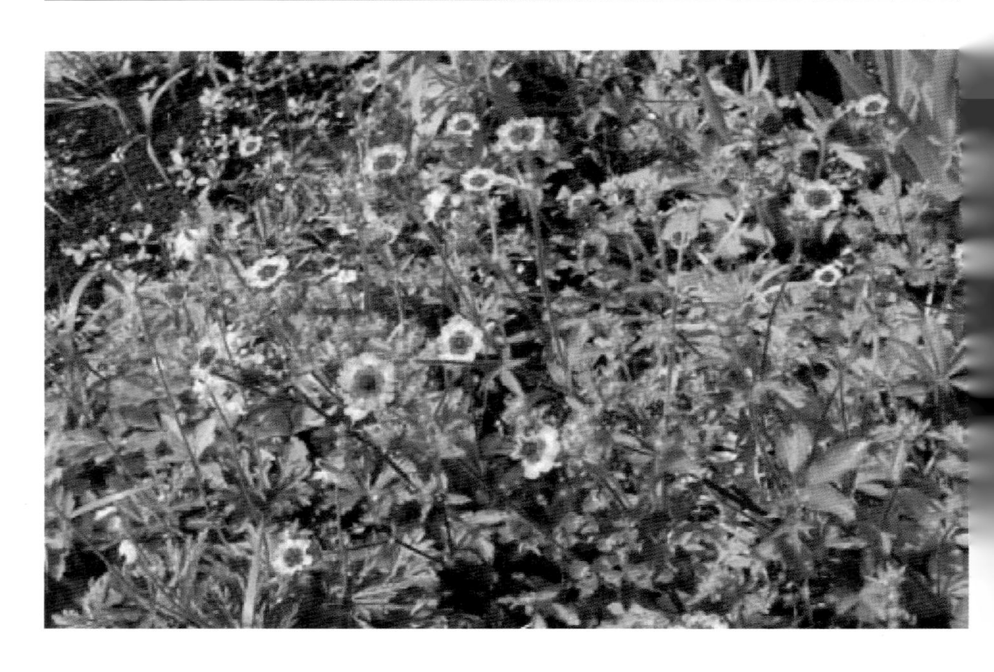

식물명	포텐틸라	번식방법	종자, 분주(봄, 가을)
학 명	*Potentilla* ssp.	생육적온	16~25℃
생활형	다년초	내한성	-18℃
개화기	4~8월	광 요구도	양지
화 색	홍색	수분 요구도	보통
초장, 초폭	30cm, 30cm	관리포인트	월동을 위하여 가을에 시든 꽃대 제거해야 함 3~4년마다 분주해야 함
용 도	화단용, 지피식물원		

67. 장미과(Rosaceae)

1	2	3	4	5	6	7	8	9	10	11	12

식물명	제주양지꽃	번식방법	종자, 분주(봄, 가을)
학 명	*Potentilla stolonifera* var. *quelpaertensis* Nakai	생육적온	16~30℃
		내한성	−18℃
별 명	제주소시랑개비	광 요구도	양지
생활형	다년초	수분 요구도	보통
개화기	4~6월	관리포인트	월동을 위하여 가을에 꽃대 제거해야 함 3~4년마다 분주 해야 함
화 색	황색		
초장, 초폭	20cm, 30cm		
용 도	화단용, 정원용, 분화용, 지피식물원		

67. 장미과(Rosaceae)

1	2	3	4	5	6	7	8	9	10	11	12

식물명	긴오이풀
학 명	*Sanguisorba longifolia* Bertol.
영 명	Christmas Bells
별 명	이삭지우초, 긴잎오이풀, 이삭오이풀
생활형	다년초
개화기	8~9월
화 색	홍자색
초장, 초폭	80cm, 40cm
용 도	지피식물원, 고산식물원, 식용, 약용
번식방법	종자, 분주(봄, 가을)
생육적온	15~25℃
내한성	-15℃
광 요구도	양지
수분 요구도	많음
관리포인트	배수가 잘된 토양, 3~4년마다 분주해야 함 월동을 위하여 가을에 시든 꽃대를 잘라주어야 함

1	2	3	4	5	6	7	8	9	10	11	12

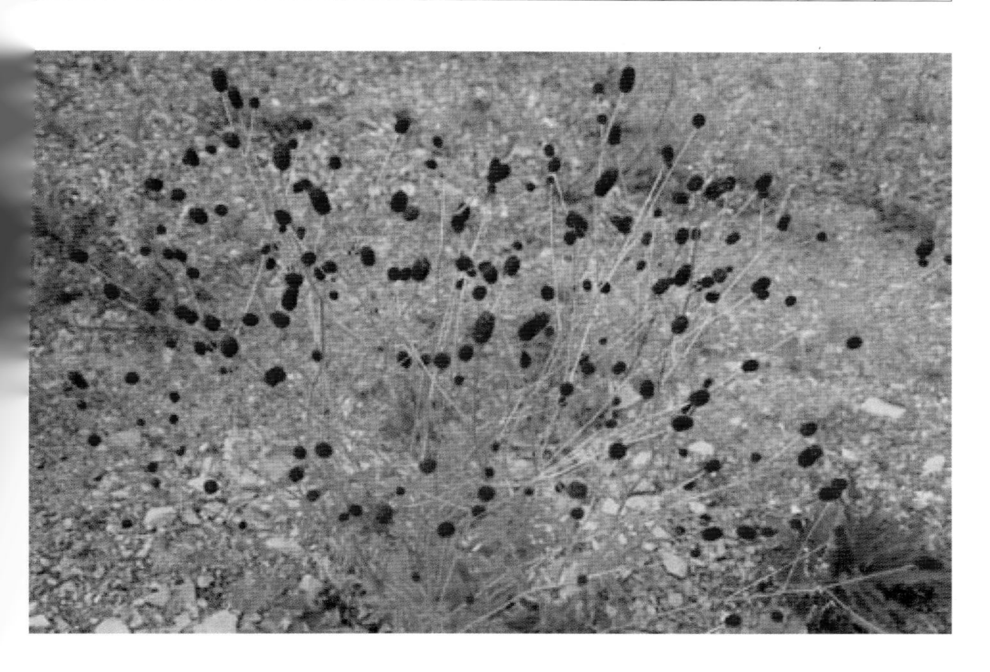

식물명	오이풀
학 명	*Sanguisorba officinalis* L.
영 명	Great Burnet, Burnet Bloodwort
별 명	지우초, 수박풀, 외순나물, 지우
생활형	다년초
개화기	7~9월
화 색	홍자색
초장, 초폭	1m, 40cm
용 도	지피식물원, 식용, 약용

번식방법	종자, 분주(봄, 가을)
생육적온	15~25℃
내한성	−15℃
광 요구도	양지
수분 요구도	많음
관리포인트	배수가 잘된 토양 3~4년마다 분주해야 함 월동을 위하여 가을에 시든 꽃대 잘라주어야 함

68. 제비꽃과(Violaceae)

1	2	3	4	5	6	7	8	9	10	11	12

식물명	종지나물
학 명	*Viola papilionacea* Pursh
영 명	Woodly Blue Violet, Meadow Violet
별 명	미국제비꽃
생활형	다년초
개화기	4~5월
화 색	백색과 남색
초장, 초폭	20cm, 30cm
용 도	화단용, 분화용, 지피식물원
번식방법	종자, 분주(봄, 가을)
생육적온	16~30℃
내한성	-15℃
광 요구도	양지
수분 요구도	많음
관리포인트	월동을 위하여 가을에 시든 꽃대 잘라주어야 함 3~4년마다 분주해야 함
비 고	너무 잘 자라 솎아 내야 함

1	2	3	4	5	4	7	8	9	10	11	12

식물명	팬지
학 명	*Viola tricolor* L. var. *hortensis* DC.
영 명	Pansy
별 명	팬지, 호접제비꽃
생활형	추파 일 이년초
개화기	12~5월
화 색	백색, 황색, 남색 등 다양한 색
초장, 초폭	20cm, 30cm
용 도	화단용, 분화용, 허브정원, 식용
번식방법	종자(가을)
생육적온	10~20℃
내한성	0℃
광 요구도	양지
수분 요구도	보통
관리포인트	더위에 약함 관상가치와 개화기 연장을 위해 시든 꽃을 제거해야 함
비 고	꽃을 식용할 수 있음 많은 품종이 있음

69. 제스네리아과(Gesneriaceae)

1	2	3	4	5	6	7	8	9	10	11	12

식물명	글록시니아
학 명	*Sinninga speciosa* (Lodd.) Hiern
영 명	Florist's Gloxinia
생활형	구근류
개화기	3~9월
화 색	적색, 백색, 복색
초장, 초폭	30cm, 20cm
용 도	분화용, 구근원
번식방법	종자, 삽목(엽삽: 봄, 가을), 분구(봄, 가을)
생육적온	16~30℃
내한성	8℃
광 요구도	반음지
수분 요구도	많음
관리포인트	배수가 잘된 토양

69. 제스네리아과(Gesneriaceae)

1	2	3	4	5	6	7	8	9	10	11	12

식물명	스트랩토카르푸스
학 명	*Streptocarpus saxorum* Engl.
영 명	Cape Primrose
생활형	일년초(다년초)
개화기	6~8월
화 색	자주색
초장, 초폭	20cm, 50cm
용 도	화단용, 행잉용
번식방법	종자, 분주(봄, 가을), 삽목(줄기삽: 봄, 가을)
생육적온	13~23℃
내한성	8℃
광 요구도	양지
수분 요구도	보통
관리포인트	배수가 잘된 토양 3~4년마다 분주해야 함 내건성
비 고	원산지는 덩굴성 상록 다년초

70. 조름나물과(Menyanthaceae)

1	2	3	4	5	6	7	8	9	10	11	12

식물명	어리연꽃
학 명	*Nymphoides indica* (L.) Kuntze
영 명	Water Snowflake
별 명	금은연, 어리연
생활형	다년초
개화기	7~8월
화 색	백색
초장, 초폭	20cm, 30cm
용 도	수생식물원, 수재화단용
번식방법	종자, 분주(봄, 가을), 삽목
생육적온	16~30℃
내한성	−18℃
광 요구도	양지
수분 요구도	많음
관리포인트	3~4년마다 분주해야 함 늪이나 연못에서 삼

70. 조름나물과(Menyanthaceae)

1	2	3	4	5	6	7	8	9	10	11	12

식물명	노랑어리연꽃
학 명	*Nymphoides peltata* (J.G.Gmelin) Kuntze.
영 명	Yellow Floating-Heart, Water-Fringe
별 명	노랑어리연
생활형	다년초
개화기	7~9월
화 색	황색
초장, 초폭	20cm, 20cm
용 도	수재화단용, 수생식물원
번식방법	분주
생육적온	16~30℃
내한성	−18℃
광 요구도	양지
수분 요구도	많음
관리포인트	3~4년마다 분주해야 함 늪이나 연못에서 삼
비 고	따뜻한 지역에서는 번식력이 왕성함

71. 쥐꼬리망초과(Acanthaceae)

1	2	3	4	5	6	7	8	9	10	11	12

식물명	아칸투스 몰리스
학 명	*Acanthus mollis* L.
영 명	Bear's Breeches
생활형	다년초
개화기	6~7월
화 색	흰색, 자주
초장, 초폭	1~2m(개화 시), 1m
용 도	화단, 암석원, 건조화,
번식방법	종자(봄), 분주(가을, 봄), 근삽(겨울, 7.5cm)
생육적온	16~30℃
내한성	−15℃
광 요구도	양지, 약한 그늘도 견딤
수분 요구도	보통관수, 배수가 잘되는 토양
관리포인트	습한 토양에서는 겨울을 넘기기 어려움 개화 후에는 꽃대를 밑까지 잘라 주어야 다음 해 개화가 잘 이루어짐 파종 후 2년 정도는 육묘 후에 노지 식재 이식을 싫어하므로 뿌리 상하지 않도록 주의
비 고	잎에 날카로운 가시가 있으므로 취급 시 주의해야 함

71. 쥐꼬리망초과(Acanthaceae)

1	2	3	4	5	6	7	8	9	10	11	12

식물명	히포에스테스
학 명	*Hypoestes phyllostachya* Baker
영 명	Polka dot Plant, Flamingo Plant
생활형	일년초(상록숙근초)
관상기	연중
엽 색	적색, 분홍색, 백색
초장, 초폭	30cm, 20~30cm
용 도	화단용, 컨테이너용, 디시가든, 실내정원
번식방법	삽목
생육적온	16~30℃
내한성	10℃
광 요구도	양지, 반음지
수분 요구도	보통
관리포인트	빛을 선호하나 직사 광선을 피할 것 공중 습도를 높게 유지할 것 무성해지면 밑부분까지 과감히 잘라주어야 함 꽃이 피면 꽃을 잘라내 줌(잎을 주로 관상)

71. 쥐꼬리망초과(Acanthaceae)

1	2	3	4	5	6	7	8	9	10	11	12

식물명	아프리카나팔꽃	생육적온	16~30℃
학　명	*Thunbergia alata* Boier	내한성	10℃
영　명	Black Eyed Susan Vine	광 요구도	양지
생활형	덩굴성 다년초	수분 요구도	많음
개화기	6~7월	관리포인트	배수가 잘된 토양 환기가 필요 지주 세워 주어야 함 다습하게 관리
화　색	주황색		
초장, 초폭	1m, 40cm		
용　도	담장, 울타리용, 덩굴식물원	비　고	alata는 날개가 있다는 뜻임
번식방법	종자		

71. 쥐꼬리망초과(Acanthaceae)

1	2	3	4	5	6	7	8	9	10	11	12

식물명	툰베르기아 라우리폴리아	번식방법	종자
학 명	*Thunbergia laurifolia* Lindl	생육적온	16~30℃
영 명	Laurel Clock Vine, Blue Trumpet Vine	내한성	10℃
		광 요구도	양지
생활형	덩굴성 다년초	수분 요구도	많음
개화기	6~7월	관리포인트	배수가 잘된 토양에 공중 습도 다습하게 관리해야 함 환기가 필요함 지주를 세워주어야 함
화 색	연보라		
초장, 초폭	1m, 40cm		
용 도	담장, 울타리용, 덩굴식물원		

72. 쥐방울덩굴과(Aristolochiaceae)

1	2	3	4	5	6	7	8	9	10	11	12

식물명	족도리풀
학 명	*Asarum sieboldii* Miq.
영 명	Wild Ginger, Asarabacca
별 명	세신
생활형	다년초
개화기	4~6월
화 색	홍자색
초장, 초폭	10~20cm, 10~20cm
용 도	분화용, Woodland Garden
번식방법	종자(18℃, 1~4주), 분주
생육적온	16~25℃
내한성	−15℃
광 요구도	반음지
수분 요구도	보통 관수
관리포인트	부식이 풍부한 토양에 식재
비 고	심장형 잎과 기저부에 족두리 모양의 꽃이 달림 *A. maculatum* Nakai 개족도리풀 – 한국특산식물 (잎이 두껍고 반점 무늬, 내한성 약함, 5℃ 월동)

73. 쥐손이풀과(Geraniaceae)

1	2	3	4	5	6	7	8	9	10	11	12

식물명	제라늄 상귀네움	용 도	지피용, 암석원, 허브정원
학 명	*Geranium sanguineum* L.	번식방법	종자, 분주
영 명	Bloody Geranium, Bloody Cranesbill	생육적온	16~30℃
		내한성	−15℃
생활형	다년초	광 요구도	양지, 반음지
개화기	5~6월	수분 요구도	보통
화 색	분홍색, 백색	관리포인트	가을에 고사한 지상부 제거해야 함
초장, 초폭	20~60cm, 30cm		

73. 쥐손이풀과(Geraniaceae)

1	2	3	4	5	6	7	8	9	10	11	12

식물명	로즈제라늄
학 명	*Pelargonium graveolens* L. Hort.
영 명	Rose Geranium
별 명	구문초
생활형	다년초
개화기	6~9월
화 색	분홍색
초장, 초폭	50cm, 40cm
용 도	화단용, 허브정원
번식방법	삽목, 분주(봄, 가을)
생육적온	16~25℃
내한성	5℃
광 요구도	양지
수분 요구도	보통
관리포인트	배수가 잘되는 토양, 월동을 위하여 가을에 시든 꽃대 제거해야 함 3~4년마다 분주해야 함
비 고	더위 강하고 추위에 약함, 모기나 파리 오지 않게 한다고 구문초로 부르고, 시중에 판매됨

73. 쥐손이풀과(Geraniaceae)

1	2	3	4	5	6	7	8	9	10	11	12

식물명	펠라르고니움	번식방법	종자, 삽목
학 명	*Pelargonium* x *hortorum* L. H. Bailey	생육적온	16~25℃
		내한성	5~10cm
영 명	Geranium, Cranes bill	광 요구도	양지
생활형	온실 상록다년초	수분 요구도	보통
개화기	6~8월	관리포인트	관상 가치와 개화기 연장을 위해 시든 꽃 제거해야 함 배수가 잘되는 토양
화 색	백색, 적색, 분홍색 등 다양한 색		
초장, 초폭	30cm, 30cm		
용 도	화단용, 컨테이너용, 행잉용	비 고	많은 원예품종이 있음

74. 지치과(Boraginaceae)

1	2	3	4	5	6	7	8	9	10	11	12

식물명	보리지
학 명	*Borago officinalis* L.
영 명	common Borage
별 명	서양지치, 쾌활초
생활형	일년초
개화기	5~8월
화 색	청색
초장, 초폭	30~60cm, 45cm
용 도	허브정원, 암석원, 약용, 식용
번식방법	종자(가을 직파)

생육적온	16~30℃
내한성	−15℃
광 요구도	양지, 반음지
수분 요구도	보통 관수
관리포인트	여름 고온 다습에 약함
비 고	잎에서 오이 향이 남 꽃이 지속적으로 개화함 종자가 식물체에서 건조된 후 채종 종자를 다룰 때 손 보호를 위해 장갑 사용

74. 지치과(Boraginaceae)

1	2	3	4	5	6	7	8	9	10	11	12

식물명	브룬네라 마크로필라
학 명	*Brunnera macrophylla* (Adams) Johnst. (*Anchusa myosotidiflora*)
영 명	Siberian Bugloss, False Forget-Me-Not, Great Forget-Me-Not, Large Leaf Brunnera, Heartleaf Brunnera
별 명	큰물망초
생활형	다년초
개화기	5~7월
화 색	청색, 흰색
초장, 초폭	45cm, 60cm
용 도	화단용, 지피용, Woodland Garden
번식방법	종자, 분주, 근삽(겨울)
생육적온	16~30℃
내한성	-20℃
광 요구도	반음지, 음지
수분 요구도	보통 관수
관리포인트	습하고 부식이 충분한 토양에 식재 토양을 완전히 건조시키지 말 것
비 고	개화 후에 잎이 넓어져 지피 효과가 우수함 물망초와 유사한 꽃임

74. 지치과(Boraginaceae)

1	2	3	4	5	6	7	8	9	10	11	12

식물명	페루향수초
학 명	*Heliotropium arborescens* L. (*H. peruvianum*)
영 명	Heliotrope, Turnsole
별 명	향유초, 향수목
생활형	일년초(소관목)
개화기	5~6월
화 색	자색, 백색
초장, 초폭	50~70cm, 30~45cm
용 도	화단용, 분화용, 허브정원, 컨테이너용
번식방법	종자(16~18℃, 3~4주), 삽목(9~10월)
생육적온	10~21℃
내한성	5℃
광 요구도	양지, 반음지
수분 요구도	많음
관리포인트	15℃ 이상이면 연중 개화 가능 온실에서는 봄에 줄기를 잘라주어 분지수를 늘림
비 고	자색으로 피어 흰색으로 변색되어 시듦

74. 지치과(Boraginaceae)

1	2	3	4	5	6	7	8	9	10	11	12

식물명	물망초
학 명	*Myosotis sylvastica* Ehrh. ex. Horrm. (*M. scorpioides, M. alpestris*)
영 명	Forget-Me-Not
별 명	왜지치
생활형	추파일년초
개화기	4~6월
화 색	연청색, 백색, 적색
초장, 초폭	30cm, 30cm
용 도	화단용, 암석원, 고산식물원
번식방법	종자(가을)
생육적온	10~21℃
내한성	5℃
광 요구도	반음지
수분 요구도	보통
관리포인트	관상 가치와 개화기 연장을 위해 시든 꽃 제거해야 함 배수가 잘 되는 토양
비 고	alpestris는 아고산이라는 뜻임

75. 질경이과(Plantaginaceae, Globulariaceae)

1	2	3	4	5	6	7	8	9	10	11	12

식물명	글로불라리아
학 명	*Globularia cordifolia* L.
영 명	Globe Daisy, Heart-Leaved Globe Daisy
생활형	다년초
개화기	5월
화 색	청색, 보라색
초장, 초폭	5~15cm, 20cm
용 도	분화용, 컨테이너용, 암석원
번식방법	종자, 분주
생육적온	16~30℃
내한성	-15℃
광 요구도	양지
수분 요구도	적음

75. 질경이과(Plantaginaceae, Globulariaceae)

1	2	3	4	5	6	7	8	9	10	11	12

식물명	자주질경이
학 명	*Plantago major* 'Atropurpurea'
영 명	Purple Plantain, Rat's Tails, Travellers Foot, Waybread, Cuckoo's Bread
생활형	다년초
개화기	6~7월
화 색	자주색
초장, 초폭	15cm, 15cm

용 도	화단용, 지피식물원, 약용식물원
번식방법	종자, 분주(봄, 가을)
생육적온	15~25℃
내한성	−15℃
광 요구도	양지
수분 요구도	보통
관리포인트	3~4년마다 분주해야 함 월동을 위해서 가을에 시든 꽃대 제거 건조에도 강함
비 고	잎이 자주색이어서 컬라정원에 쓰이면 좋음

76. 천남성과(Araceae, Acoraceae)

1	2	3	4	5	6	7	8	9	10	11	12

식물명	창포
학 명	*Acorus calamus* L. (*A. calamus* var. *angustatus*, *Orontium cochinchinense*)
영 명	Sweet Flag, Sweet Calamus, Myrtle Flag, Calamus, lagroot
별 명	향포, 왕창포, 물쌔, 물채, 창풀(제주)
생활형	다년초
개화기	6~7월
화 색	황색(육수화서)
초장, 초폭	60~90cm, 60cm
용 도	약용, 분화용, 컨테이너용, 분경용, 허브정원, 수생식물원, 습지원

번식방법	종자(채종 후 바로 파종), 분주(3~4년마다)
생육적온	16~30℃
내한성	-15℃
광 요구도	양지
수분 요구도	많음
관리포인트	20~30cm의 얕은 물가 식자
비 고	꽃창포와 유사한 잎이나 가운데 맥이 두드러짐 *A. calamus* var. *angustifolius* 'Variegatus', 'Aureovariegatus' 무늬창포 단오날에 창포 삶은 물에 머리 감는 용으로 사용함

76. 천남성과(Araceae, Acoraceae)

1	2	3	4	5	6	7	8	9	10	11	12

식물명	석창포
학 명	*Acorus gramineus* Sol. (*A. pusillus, A. gramineus* var. *pusillus, A. gramineus* var. *japonicus*)
영 명	Japanese Rush
별 명	석향포, 창포, 석장포, 석창
생활형	상록성 다년초
개화기	6~7월
화 색	황색
초장, 초폭	25cm, 10~15cm
용 도	분경용, 컨테이너용, 암석용, 지피식물원, Water Garden, 허브정원, 약용(총명탕)
번식방법	종자(채종 후 바로 파종), 분주(3~4)
생육적온	16-30C
내한성	-15C
광 요구도	양지
수분 요구도	습지식물이나 내건성도 강함
관리포인트	20~30cm의 얕은 물가 식재, 암석원
비 고	*Acorus gramineus* 'Albo Variegatus' 무늬석창포 이름이 비슷한 돌창포는 *Tofieldia nuda* Maxim. (꽃장포)로 다른 식물이다.

76. 천남성과(Araceae, Acoraceae)

1	2	3	4	5	6	7	8	9	10	11	12

식물명	천남성
학 명	*Arisaema amurense* for. *serratum* (Nakai) Kitag. 천남성
영 명	Blood Red
생활형	다년초(구경)
개화기	5~7월
화 색	녹색(적색-열매)
초장, 초폭	15~45cm, 15cm
용 도	Woodland Garden, 습지원, 약용
번식방법	종자, 분주
생육적온	16~25℃
내한성	-15℃
광 요구도	반음지, 음지
수분 요구도	많음
관리포인트	부식질이 풍부한 점토질 토양
비 고	독초이므로 어린이 손이 닿는 곳에는 사용 주의해야 함 *A. amurense* Maxim. 둥근잎천남성 *A. heterophyllum* Blume 두루미천남성 *A. angustatum* var. *penninsulae* 'Varigated' 무늬천남성 *Arisaema takesimense* 섬남성 등이 있음

76. 천남성과(Araceae, Acoraceae)

1	2	3	4	5	6	7	8	9	10	11	12

식물명	큰천남성
학 명	*Arisaema ringens* (Thunb.) Schott
영 명	Blood Red
생활형	다년초(구경)
개화기	5월
화 색	녹색, 흑자색
초장, 초폭	15~45cm, 30~40cm
용 도	약용, Woodland Garden, 습지원
번식방법	종자, 분주
생육적온	16~25℃
내한성	−10℃
광 요구도	반음지, 음지
수분 요구도	보통
관리포인트	부식질이 풍부한 점토질 토양
비 고	독초이므로 어린이 손이 닿는 곳에는 사용 주의해야 함

76. 천남성과(Araceae, Acoraceae)

1	2	3	4	5	6	7	8	9	10	11	12

식물명	토란
학 명	*Colocasia esculenta* (L.) Schott
영 명	Taro, Elephant Ear
생활형	춘식구근
개화기	8~9월
화 색	백색
초장, 초폭	1~1.5m,
용 도	화단용, 컨테이너용, Bog Garden, 수생식물원, 온실
번식방법	분구(봄)
생육적온	25~30℃
내한성	5~10℃
광 요구도	반그늘, 양지
수분 요구도	많음, 건조에 약함
비 고	잎이 크고 넓어 관상가치가 높음 요리하지 않고 식용하면 위장 장애를 일으킴 자색 토란(*C. esculenta* 'Black Magic')

1	2	3	4	5	6	7	8	9	10	11	12

식물명	물상추	용 도	수재화단, 수생식물원
학 명	*Pistia stratiotes* L.	번식방법	종자, 분주(봄, 가을)
영 명	Water Cabbage , Water Lettuce	생육적온	20~25℃
별 명	물배추	내한성	8℃
생활형	다년초	광 요구도	반음지
개화기	8~10월	수분 요구도	많음
화 색	백색, 분홍색	관리포인트	물을 자주 갈아주어야 함
초장, 초폭	20cm, 30cm	비 고	독성이 있기에 먹을 수 없음 찬 온도에는 매우 민감함

76. 천남성과(Araceae, Acoraceae)

1	2	3	4	5	6	7	8	9	10	11	12

식물명	칼라
학 명	*Zantedeschia aethiopica* (L.) Spreng.
영 명	Arum Lily, Calla
생활형	춘식구근
개화기	5~6월
화 색	백색
초장, 초폭	60cm, 40cm
용 도	화단용, 분화용, 구근원
번식방법	분구(봄, 가을)

생육적온	10~21℃
내한성	5℃
광 요구도	반음지
수분 요구도	많음
관리포인트	3~4년마다 분구해야 함 충분한 관수해야 함 공중습도 약간 습하게 함

76. 천남성과(Araceae, Acoraceae)

1	2	3	4	5	6	7	8	9	10	11	12

식물명	유색칼라
학 명	*Zantedeschia albomaculata* (Hook.) Baill.
영 명	Spotted Calla Lily
생활형	춘식구근
개화기	5~6월
화 색	황색, 분홍색 등 다양한 색
초장, 초폭	90cm, 40cm

용 도	화단용, 분화용, 구근원
번식방법	분구(봄, 가을)
생육적온	10~21℃
내한성	5℃
광 요구도	반음지
수분 요구도	많음
관리포인트	3~4년마다 분구해야 함 배수 요함 공중습도를 약간 습하게 함
비 고	많은 품종이 있음

77. 초롱꽃과(Campanulaceae)

1	2	3	4	5	6	7	8	9	10	11	12

식물명	영아자
학 명	*Asyneuma japonicum* (Miq.) Briq. (*Campanula japonica, Phyteuma japonicum*)
별 명	염아자, 목근초, 미나리싹
생활형	다년초
개화기	7~9월
화 색	자주색, 청색
초장, 초폭	50~100cm
용 도	Woodland Garden, 습지원, 식용, 약용
번식방법	종자(봄), 분주
생육적온	16~30℃
내한성	−15℃
광 요구도	양지, 반음지
수분 요구도	많음
관리포인트	미세 종자이므로 상토와 혼합하여 파종
비 고	산골짜기 습한 계곡가에 주로 자생함

77. 초롱꽃과(Campanulaceae)

1	2	3	4	5	6	7	8	9	10	11	12

식물명	자주꽃방망이
학 명	*Campanula glomerata* var. *dahurica* Fisch. ex Ker Gawl.
영 명	Clusted Bellflower
별 명	꽃방망이, 취화풍령초, 보솜나물
생활형	다년초
개화기	7~8월
화 색	보라색
초장, 초폭	40~100cm, 20~30cm
용 도	Mixed Border, 화단
번식방법	종자(가을, 18℃, 2~4주), 분주(봄, 가을), 삽목(봄)
생육적온	15~25℃
내한성	-15℃
광 요구도	반음지, 양지
수분 요구도	보통
관리포인트	중성-약 알카리성 토양에서 잘 자람 꽃대를 밑까지 잘라 주면 다시 개화
비 고	백색, 분홍색 등의 원예종이 있음

77. 초롱꽃과(Campanulaceae)

1	2	3	4	5	6	7	8	9	10	11	12

식물명	캄파눌라 라티폴리아
학 명	*Campanula latifolia* L.
영 명	Giant Bellflower
별 명	큰초롱꽃
생활형	다년초
개화기	7~8월
화 색	보라색, 청색, 백색
초장, 초폭	1.2m, 60cm
용 도	Woodland Garden, 수목하부 식재, Mixed Border, 식용(어린순)
번식방법	종자(18℃, 2~4주 발아, 3~4주 저온처리) 삽목(봄, 신초가 10~15cm일 때 삽수 채취) 분주(가을, 봄)
생육적온	15~25℃
내한성	-15℃
광 요구도	반음지, 양지
수분 요구도	건조에 강함
관리포인트	중성-약 알카리성 토양에서 잘 자람 뿌리가 깊어 건조에 강함

77. 초롱꽃과(Campanulaceae)

1	2	3	4	5	6	7	8	9	10	11	12

식물명	종꽃
학 명	*Campanula medium* L.
영 명	Canterbury Bells, Bellflower
생활형	이년초
개화기	5~6월
화 색	보라색, 청색, 적색, 분홍색, 백색
초장, 초폭	60~90cm, 20~30cm
용 도	절화용, 분화용, 화단용, 컨테이너, 염색용
번식방법	종자(18~20℃, 2~3주 소요)
생육적온	16~30℃
내한성	−15℃
광 요구도	반음지, 양지
수분 요구도	보통
관리포인트	중성-약 알카리성 토양에서 잘 자람

77. 초롱꽃과(Campanulaceae)

1	2	3	4	5	6	7	8	9	10	11	12

식물명	캄파눌라 페르시치폴리아
학 명	*Campanula persicifolia* L. (*C. crystalocalyx* L.)
영 명	Peach-Leaved Bellflower, Willow Bellflower
생활형	다년초(고산성)
개화기	6월~8월
화 색	청색, 백색
초장, 초폭	60~90cm, 30cm
용 도	화단용, 고산식물원
번식방법	종자(18℃, 2~4주), 분주(2년 간격), 삽목(봄)
생육적온	15~25℃
내한성	-15℃
광 요구도	반음지, 양지
수분 요구도	보통
관리포인트	고온 건조 시에 개화가 억제됨 중성-약 알카리성 토양에서 잘 자람

77. 초롱꽃과(Campanulaceae)

1	2	3	4	5	6	7	8	9	10	11	12

식물명	캄파눌라 포르텐쉬라지아나	번식방법	종자(18℃, 2~4주), 분주(년중), 삽목(봄)
학 명	*Campanula portenschlagiana* Schult.	생육적온	10~21℃
영 명	Dalmatian Bellflower	내한성	−15℃
생활형	다년초(포복형)	광 요구도	양지, 반음지
개화기	6~7월	수분 요구도	보통
화 색	청색, 백색	관리포인트	퍼지는 속도가 빠르므로 혼합 식재 시 주의 중성−약 알카리성 토양에서 잘 자람
초장, 초폭	15cm, 50cm		
용 도	지피용, 분화용, 걸이화분, 화단용, 암석원, 고산식물원, Wall Garden		

77. 초롱꽃과(Campanulaceae)

1	2	3	4	5	6	7	8	9	10	11	12

식물명	초롱꽃
학 명	*Campanula punctata* Lam.
영 명	Chinese Rampion
생활형	다년초(포복형)
개화기	6~8월
화 색	흰색, 분홍색, 청색, 자주색 등 다양
초장, 초폭	40~80cm, 40cm
용 도	화단용, 지피용, 식용(어린잎)
번식방법	종자(18℃, 2~4주), 분주
생육적온	16~30℃
내한성	-15℃
광 요구도	양지, 반음지
수분 요구도	보통
관리포인트	퍼지는 속도가 빠르므로 혼합식재 시 주의 중성-약 알카리성 토양에서 잘 자람
비 고	Kent Bell, Cherry Bell 품종이 있음

77. 초롱꽃과(Campanulaceae)

1	2	3	4	5	6	7	8	9	10	11	12

식물명	더덕
학 명	*Codonopsis lanceolata* (Siebold & Zucc.) Trautv.
영 명	Bonnet Bellflower
별 명	산더덕
생활형	다년초(덩굴성)
개화기	8~9월
화 색	연녹색, 자주색
초장, 초폭	2m
용 도	트렐리스용(Trellis), 화단용, 허브정원
번식방법	종자
생육적온	16~30℃
내한성	−15℃
광 요구도	반그늘
수분 요구도	보통이나 적습토양을 선호함
관리포인트	직근성으로 이식을 싫어함 타고 올라갈 수 있는 지주 설치해야 함
비 고	덩굴을 자르면 유액이 나오고 특유의 향이 있음

77. 초롱꽃과(Campanulaceae)

1	2	3	4	5	6	7	8	9	10	11	12

식물명	금강초롱꽃
학 명	*Hanabusaya asiatica* (Nakai) Nakai (*Keumkangsania asiatica, Symphyandra asiatica*)
별 명	금강초롱, 화방초
생활형	다년초
개화기	8~9월
화 색	자주색
초장, 초폭	30~90cm
용 도	Woodland Garden, 암석원, 고산정원, 분경

번식방법	종자(9월 채파), 분주(봄)
생육적온	15~25℃
내한성	-15℃
광 요구도	양지
수분 요구도	보통
관리포인트	비료가 많으면 식물체 도장 한여름 직사광선을 피할 것 개화 시 적절한 공중습도 유지
비 고	발아에서 개화까지 2~3년 소요 한국특산식물

1	2	3	4	5	6	7	8	9	10	11	12

식물명	도라지
학 명	*Platycodon grandiflorum* (Jacq.) A.DC.
영 명	Balloon Flower
별 명	길경, 약도라지
생활형	다년초
개화기	6~7월
화 색	백색, 연남색, 분홍색
초장, 초폭	60cm, 40cm
용 도	화단용, 지피식물원, 약용식물원, 식용, 약용

번식방법	종자, 분주(봄, 가을)
생육적온	15~25℃
내한성	−15℃
광 요구도	반음지, 양지
수분 요구도	보통
관리포인트	3~4년마다 분주해야 함 월동을 위해서 가을에 시든 꽃대 제거해야 함 건조에도 강함
비 고	*P. grandiflorum* var. *duplex* Makino 겹도라지

78. 콩과(Leguminosae)

1	2	3	4	5	6	7	8	9	10	11	12

식물명	정선황기	용 도	암석원
학 명	*Astragalus koraiensis* Y. N. Lee	번식방법	종자, 분주
영 명	Korean Milk Vetch	생육적온	16~30℃
생활형	다년초	내한성	−15℃
개화기	7~8월	광 요구도	양지
화 색	황색	수분 요구도	보통
초장, 초폭	30cm, 100cm	비 고	한국특산식물, 멸종위기식물

1	2	3	4	5	6	7	8	9	10	11	12

식물명	자운영	용 도	밀원용, 녹비용, 지피용, 경관식재
학 명	*Astragalus sinicus* L.	번식방법	종자
영 명	Chinese Milk Vetch	생육적온	10~20℃
생활형	이년초	내한성	−7℃
개화기	4~5월	광 요구도	양지
화 색	분홍색	수분 요구도	보통 관수
초장, 초폭	10~25cm, 30cm		

78. 콩과(Leguminosae)

1	2	3	4	5	6	7	8	9	10	11	12

식물명	밥티시아
학 명	*Baptisia australis* (L.) R. Br.
영 명	Blue False Indigo, Blue Wild Indigo
생활형	숙근초
개화기	5~6월
화 색	청색
관상부위	1.5m, 60cm
용 도	화단용, 절화(꼬투리), 염색용, 약용(뿌리), 암석원
번식방법	분주, 종자(성숙 후 바로 파종, 24시간 침지 후)
생육적온	16~30℃
내한성	-20℃
광 요구도	양지
수분 요구도	적음
관리포인트	직근성으로 이식을 싫어함 석회를 싫어함 독립적으로 식재 시에는 지주를 설치하여 쓰러지지 않도록 해야 함 가을에 잎이 떨어지면 앙상해지므로 줄기를 제거해야 함
비 고	인디언들은 치통과 구토 치료제로 사용함 근경으로 넓게 퍼져 건조에 강함

1	2	3	4	5	6	7	8	9	10	11	12

식물명	편두
학 명	*Lablab purpurea* (L.) (*Dipogon lablab, Dolichos lablab*)
영 명	Hyacinth Bean ,Indian Bean, Egyptian Bean
별 명	깍지콩, 편두콩, 제비콩, 까치콩, 히얀신스콩
생활형	덩굴성 일년초
개화기	7~9월
화 색	자주색
초장, 초폭	2m, 40cm
용 도	화단용, 덩굴식물원, 식용
번식방법	종자(봄)
생육적온	16~30℃
광 요구도	양지
수분 요구도	보통
관리포인트	덩굴이기에 지지대가 필요함
비 고	콩이 납작해서 편두콩이라 부름, 어린 꼬투리 식용 가능

78. 콩과(Leguminosae)

1	2	3	4	5	6	7	8	9	10	11	12

식물명	스위트피	번식방법	종자(봄)
학 명	*Latyrus odoratus* L.	생육적온	16~25℃
영 명	Sweet Pea	내한성	5℃
생활형	덩굴성 일년초	광 요구도	양지
개화기	5~7월	수분 요구도	보통
화 색	분홍색, 백색, 남색	관리포인트	지주 세워 주어야 함 직근성 식물이므로 직파해야 함 이식이 어려움
초장, 초폭	1m, 30cm		
용 도	화단용, 덩굴식물원	비 고	odoratus 향기가 있다는 뜻임

78. 콩과(Leguminosae)

1	2	3	4	5	6	7	8	9	10	11	12

식물명	서양벌노랑이
학 명	*Lotus corniculatus* var. *corniculatus* L.
영 명	Bird's-Foot Trefoils
생활형	다년초
개화기	5~9월
화 색	황색
초장, 초폭	20cm, 40cm
용 도	화단용
번식방법	종자, 분주(봄, 가을)
생육적온	16~22℃
내한성	-18℃
광 요구도	양지
수분 요구도	보통
관리포인트	배수가 잘되는 토양, 건조에 강함, 월동을 위하여 가을에 시든 꽃대 제거해야 함
비 고	corniculatus는 작은 뿔 모양의 뜻임, 벌노랑이 평균 2개, 서양벌노랑이 평균 5개의 꽃이 핌

78. 콩과(Leguminosae)

1	2	3	4	5	6	7	8	9	10	11	12

식물명	벌노랑이
학 명	*Lotus corniculatus* var. *japonica* Regel
영 명	Parrot's Beak
생활형	다년초
개화기	6~8월
화 색	황색
초장, 초폭	20cm, 30cm
용 도	화단용, 분경
번식방법	종자, 분주(봄, 가을)

생육적온	16~22℃
내한성	−18℃
광 요구도	양지
수분 요구도	보통
관리포인트	배수가 잘되는 토양 건조에 강함 월동을 위하여 가을에 시든 꽃대 제거해야 함
비 고	corniculatus는 작은 뿔 모양의 뜻임 벌노랑이 평균 2개, 서양벌노랑이 평균 5개의 꽃핌

78. 콩과(Leguminosae)

1	2	3	4	5	6	7	8	9	10	11	12

식물명	루피너스
학 명	*Lupinus polyphyllus* Lindl.
영 명	Large-Leaved Lupine, Big-Leaved Lupine, Primarily in Cultivation, Garden Lupin
별 명	루핀, 층층이부채꽃
생활형	이년초
개화기	5~6월
화 색	청자색, 백색 등 다양한 색

초장, 초폭	1m, 50cm
용 도	정원용, 화단용
번식방법	종자(가을)
생육적온	10~23℃
내한성	−12℃
광 요구도	양지
수분 요구도	많음
관리포인트	비옥한 토양
비 고	polyphyllus는 '많은 잎의'라는 뜻임, 많은 원예품종이 있음

78. 콩과(Leguminosae)

1	2	3	4	5	6	7	8	9	10	11	12

식물명	신경초
학 명	*Mimosa pudica* L.
영 명	Sensitive Plant, Humble Plant
별 명	미모사, 잠풀
생활형	춘파일년초
개화기	6~9월
화 색	분홍색
초장, 초폭	50cm, 80cm
용 도	화단용
번식방법	종자(봄)
생육적온	16~30℃
광 요구도	양지
수분 요구도	보통
관리포인트	배수가 잘된 토양 어린이들에게 흥미거리가 되므로 어린이정원에 심으면 좋음
비 고	손으로 건드리면 잎이 오므라짐 원산지에서는 다년초임

78. 콩과(Leguminosae)

1	2	3	4	5	6	7	8	9	10	11	12

식물명	붉은토끼풀
학 명	*Trifolium pratense* L.
영 명	Red Clover
생활형	다년초
개화기	6~7월
화 색	분홍색
초장, 초폭	20cm, 30cm
용 도	지피식물원, 목초용
번식방법	종자, 분주(봄, 가을)
생육적온	16~25℃
내한성	-15℃
광 요구도	양지
수분 요구도	많음
관리포인트	배수가 잘된 토양, 월동을 위하여 가을에 시든 꽃대 제거해야 함

79. 택사과(Alismataceae)

1	2	3	4	5	6	7	8	9	10	11	12

식물명	벗풀
학　명	*Sagittaria sagittifola* ssp. *leucopetala* (Mig.) Hartog
영　명	Arrow-Head
별　명	택사, 가는보풀
생활형	다년초
개화기	7~8월
화　색	백색
초장, 초폭	80cm, 30cm
용　도	습지원, 수제화단, 수생식물원 약용
번식방법	종자, 분주(봄, 가을)

생육적온	16~30℃
내한성	-15℃
광 요구도	양지
수분 요구도	많음
관리포인트	3~4년마다 분주해야 함 수분이 많은 호수, 늪지, 연못 주위에 자람
비　고	뿌리에 지하경이 없고 둥근 괴경인 것은 보풀이고 긴 지하경이 있는 것은 벗풀로 구별함

79. 택사과(Alismataceae)

1	2	3	4	5	6	7	8	9	10	11	12

식물명	소귀나물
학 명	*Sagittaria sagittifola* ssp. *leucopetala* var. *edulis* (Schltr.) Rataj
별 명	쇠귀나물, 속고나물, 자고
생활형	다년초
개화기	8~9월
화 색	백색
초장, 초폭	60cm, 40cm
용 도	수생식물원, 습지원, 수제화단
번 식	종자, 분주(봄, 가을)
생육적온	16~30℃
내한성	−15℃
광 요구도	양지
수분 요구도	많음
관리포인트	수분이 많은 호수, 늪지, 연못 주위에 자람
비 고	잎이 소의 귀를 닮아서 소귀나물이라 부름

80. 풍접초과(Capparidaceae)

1	2	3	4	5	6	7	8	9	10	11	12

식물명	풍접초
학 명	*Cleome hassleriana* Chod. (*C. spinosa* Jacq.)
영 명	Giant Spider Flower, Spider Flower
별 명	거미꽃
생활형	춘파 일년초
개화기	6~9월
화 색	백색, 분홍색, 자주색
초장, 초폭	80~150cm, 45cm
용 도	화단용
번식방법	종자(18℃, 봄)
생육적온	16~30℃
광 요구도	양지
수분 요구도	보통
비 고	잎 뒷면에 날카로운 가시가 있으므로 취급 시 주의해야 함

81. 한련화과(Tropaeolaceae)

1	2	3	4	5	6	7	8	9	10	11	12

식물명	한련화	번식방법	종자, 분주(봄, 가을)
학 명	*Tropaeolum majus* L.	생육적온	16~30℃
영 명	Indian Creaa, Nasturtium	광 요구도	양지
생활형	일년초	수분 요구도	보통
개화기	6~10월	관리포인트	배수가 잘된 토양
화 색	황색, 주황색		
초장, 초폭	40cm, 40cm		
용 도	화단용, 울타리용, 허브정원, 식용, 약용		

82. 현삼과(Scrophulariaceae)

1	2	3	4	5	6	7	8	9	10	11	12

식물명	안젤로니아
학 명	*Angelonia angustifolia* L.
영 명	Angel Face, Angel Flower, Summer Snapdragon
별 명	천사의 얼굴
생활형	춘파 일년초
개화기	6~8월
화 색	흰색, 분홍, 자주, 청색, 진홍색 등 다양한 색
초장, 초폭	30~45cm
용 도	분화용, 화단용, 걸이화분용, 컨테이너용
번식방법	종자(24℃), 삽목
생육적온	16~30℃
내한성	3℃
광 요구도	양지
수분 요구도	충분히 관수
관리포인트	배수성이 좋은 보수성 토양
비 고	온실에서는 숙근성으로 자람

82. 현삼과(Scrophulariaceae)

1	2	3	4	5	6	7	8	9	10	11	12

식물명	금어초
학 명	*Antirrhinum majus* L.
영 명	Common Snapdragon
별 명	금붕어꽃
생활형	춘파, 추파 일년초
개화기	4~5월(추파), 5~7월(춘파)
화 색	흰색, 황색, 적색, 오렌지색 등 다양한 색
초장, 초폭	15~25cm(왜성종), 40~60cm(중간), 90cm(고성종)
용 도	절화용, 분화용, 화단용, 경관식재
번식방법	종자(16~20℃), 삽목(가을)
생육적온	16~25℃
내한성	4~7℃
광 요구도	양지
수분 요구도	보통관수
관리포인트	식재 전 비료와 유기물 혼합 규칙적 시비와 시든 꽃봉우리 제거로 개화기 연장됨 꽃이 진 후 꽃대 절단 시 다시 가을에도 개화함 고성종은 지주를 세워줄 것
비 고	꽃이 금붕어 모습과 같아 금어초라 부름

82. 현삼과(Scrophulariaceae)

1	2	3	4	5	6	7	8	9	10	11	12

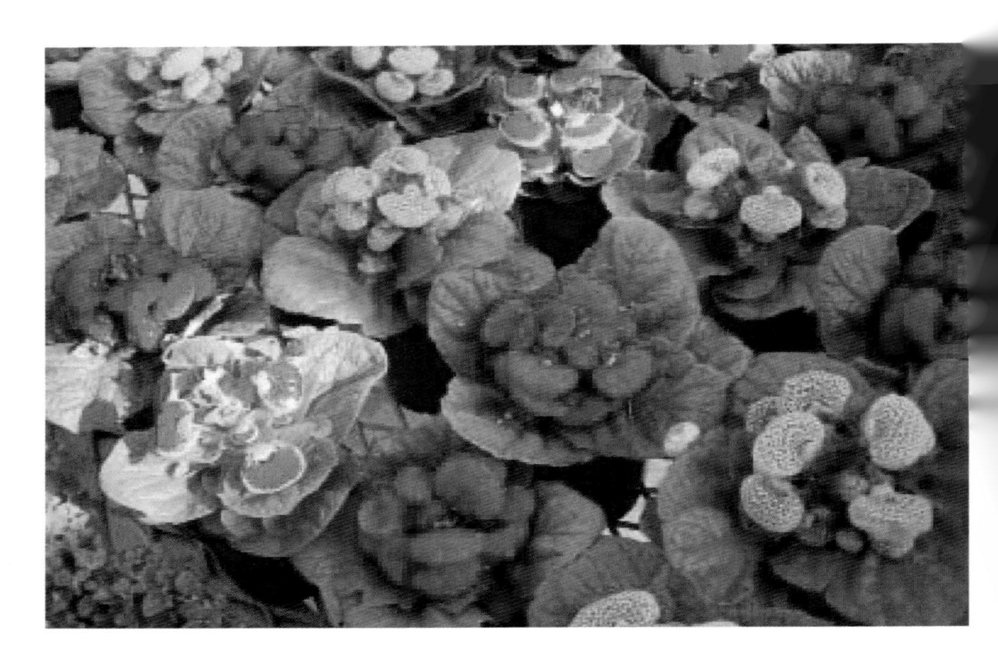

식물명	주머니꽃
학 명	*Calceolaria herbeohybrida* Voss (*C. hybrida* Hort.)
영 명	Slipper Flower, Pocket Plant
별 명	풍선꽃(유통명)
생활형	추파일년초
개화기	2~4월
화 색	황색, 백색, 적색, 오렌지색
초장, 초폭	20~40cm, 15~30cm
용 도	분화용, 화단용, 컨테이너용
번식방법	종자(8월, 18℃)
생육적온	5~15℃
광 요구도	양지
수분 요구도	적음
관리포인트	공중 습도는 보통으로 유지 꽃에 물을 주면 부패하기 쉬움 묘 시들음병 주의
비 고	다양한 품종이 개발되어 있음

82. 현삼과(Scrophulariaceae)

1	2	3	4	5	6	7	8	9	10	11	12

식물명	거북머리
학 명	*Chelone obliqua* L.
영 명	Turtlehead, Red Turtlehead, Shell Flower
별 명	켈로네
생활형	다년초
개화기	7~9월
화 색	자주, 적색, 분홍, 백색
초장, 초폭	60~90cm, 45~60cm
용 도	Bog Garden, Water Garden, Woodland Garden
번식방법	종자(봄), 분주(봄) 삽목(연한 뿌리 끝을 잘라서 삽목, 늦봄~초여름)
내한성	-15℃, Z5-9
광 요구도	반음지, 양지, 음지
수분 요구도	많음, 토양수분이 충분한 곳을 선호함
관리포인트	초여름에 순지르기로 초장 조절 및 개화 수 증가됨 시든 꽃 제거로 개화기와 관상가치 향상시킴 pH5~6의 산성토양 선호함

82. 현삼과(Scrophulariaceae)

1	2	3	4	5	6	7	8	9	10	11	12

식물명	디아스키아(다이아시아)
학 명	*Diascia barberae* Hook.
영 명	Twinspur
별 명	디아스시아
생활형	다년초(일년초 취급)
개화기	5~9월
화 색	적색, 분홍색, 백색
초장, 초폭	30cm, 50~60cm
용 도	컨테이너, 화단용, 걸이화분, 암석원
번식방법	종자(15℃, 가을, 봄), 삽목(녹지삽), 분주(봄)

생육적온	16~30℃
내한성	-5℃
광 요구도	양지
수분 요구도	보통
관리포인트	적심으로 분지수를 늘려줌 시든 꽃 제거로 개화기 연장 무더위 기간에는 일시적으로 개화 불량해지나 줄기를 잘라주면 가을에 재개화함
비 고	가을에 파종한 경우 10℃에서 겨울 나기 필요

82. 현삼과(Scrophulariaceae)

1	2	3	4	5	6	7	8	9	10	11	12

식물명	천사의 낚시대
학　명	*Dierama pulcherrimum* Baker
영　명	Angel's Fishing Rod, Wedding Bells, Wandflower
생활형	춘식 구근
개화기	6~7월
화　색	분홍색
초장, 초폭	1~1.5m, 30cm
용　도	Border, 컨테이너, 자갈원
번식방법	종자, 분구(봄)
생육적온	16~30℃
내한성	-5℃
광 요구도	많음
수분 요구도	보통(생장 기간에 물을 충분히 관수)
관리포인트	활착까지 오래 걸림 부식이 풍부한 배수가 잘 되는 토양에 식재 겨울철에 구경이 물에 젖어 있지 않도록 주의
비　고	관상용 그래스류와 혼합 식재해도 좋음

82. 현삼과(Scrophulariaceae)

1	2	3	4	5	6	7	8	9	10	11	12

식물명	디기탈리스
학 명	*Digitalis purpurea* L.
영 명	Common Foxglove, Purple Foxglove
별 명	폭스글로브, 여우장갑
생활형	이년초(단명숙근초)
개화기	5~6월
화 색	자주색, 분홍색, 황색, 백색
초장, 초폭	1~2m, 60cm
용 도	화단용, 절화용, Cottage Garden, 경관식재, 약용, 허브정원

번식방법	종자(20℃, 2~4주)
생육적온	15~25℃
내한성	−25℃
광 요구도	양지, 반음지
수분 요구도	보통
관리포인트	생육 기간 중 양지에서는 건조되지 않도록 주의 시든 꽃 제거 시 개화기 연장 또는 재개화됨
비 고	독초이므로 식용 금지

1	2	3	4	5	6	7	8	9	10	11	12

식물명	고산해란초
학 명	*Linaria alpina* Mill
영 명	Alpine Toadflax
생활형	다년초
개화기	7~8월
화 색	남색
초장, 초폭	20cm, 30cm
용 도	화단용, 고산정원, 암석원
번식방법	종자, 분주(봄, 가을)
생육적온	15~25℃
내한성	−18℃
광 요구도	양지
수분 요구도	건조에 강하며 보통 관수 필요
관리포인트	월동을 위하여 가을에 시든 꽃대 제거해야 함 배수가 잘되는 토양
비 고	alpina는 고산이라는 뜻임

82. 현삼과(Scrophulariaceae)

1	2	3	4	5	6	7	8	9	10	11	12

식물명	리나리아	용 도	화단용
학 명	*Linaria maroccana* Hook.f.	번식방법	종자(15~30℃), 분주(봄, 가을)
영 명	Moroccan Toadflax	생육적온	16~25℃
별 명	모로코 해란초	내한성	0℃
생활형	일년초	광 요구도	양지
개화기	7~8월	수분 요구도	적음
화 색	백색, 자주색, 분홍색 등 다양한 색	관리포인트	배수가 잘되는 토양. 건조에 강함
초장, 초폭	60cm, 20cm		

1	2	3	4	5	6	7	8	9	10	11	12

식물명	숙근리나리아
학 명	*Linaria purpurea* (L.) Mill.
영 명	Purple Toadflax
별 명	자주해란초
생활형	다년초
개화기	4~8월
화 색	자주색
초장, 초폭	50cm, 30cm
용 도	화단용
번식방법	종자, 분주(봄, 가을)
생육적온	16~25℃
내한성	−18℃
광 요구도	양지
수분 요구도	배수가 잘된 토양이 좋음 3~4년마다 분주해야 함
관리포인트	고온 다습에 약함 월동을 위하여 가을에 시든 꽃대 제거해야 함 건조에 강함

82. 현삼과(Scrophulariaceae)

1	2	3	4	5	6	7	8	9	10	11	12

식물명	좁은잎해란초
학 명	*Linaria vulgaris* Hill
영 명	Common Toadflax, Butter-And-Eggs, Wild Snapdragon
별 명	가는잎꽁지꽃
생활형	다년초
개화기	8월
화 색	황백색
초장, 초폭	50cm, 30cm
용 도	화단용
번식방법	종자, 분주(봄, 가을)

생육적온	16~25℃
내한성	-18℃
광 요구도	양지
수분 요구도	적음
관리포인트	월동을 위하여 가을에 시든 꽃대 제거해야 함 건조에 강함 배수가 잘된 토양 3~4년마다 분주해야 함
비 고	해란초에 비해 잎이 좁기 때문에 좁은잎 해란초

1	2	3	4	5	6	7	8	9	10	11	12

식물명	원숭이꽃
학 명	*Mimulus* x *hybridus* Hort.
영 명	Monkey Flower, Musk
별 명	미뮬러스
생활형	일년초
개화기	6~9월
화 색	진황색, 주황색, 적색 등 다양한 색
초장, 초폭	30cm, 30cm
용 도	화단용
번식방법	종자, 삽목, 분주(봄, 가을)
생육적온	13~21℃
내한성	8℃
광 요구도	양지
수분 요구도	많음
관리포인트	배수가 잘된 토양 관상가치와 개화기 연장을 위해 시든 꽃 제거해야 함
비 고	많은 원예품종이 있음

82. 현삼과(Scrophulariaceae)

1	2	3	4	5	6	7	8	9	10	11	12

식물명	네메시아	번식방법	종자
학 명	*Nemesia hybrida* Hort.cv.	생육적온	16~30℃
영 명	Nemesia	내한성	0℃
생활형	일년초	광 요구도	양지
개화기	3~5월	수분 요구도	많음
화 색	백색, 황색, 적색 등 다양한 색	관리포인트	관상가치와 개화기 연장을 위해 시든 꽃 제거해야 함 배수가 잘되는 토양
초장, 초폭	20cm, 20cm		
용 도	화단용, 걸이화분, 분화용	비 고	많은 원예품종이 있음

82. 현삼과(Scrophulariaceae)

1	2	3	4	5	6	7	8	9	10	11	12

식물명	펜스테몬	번식방법	종자, 분주(봄, 가을), 삽목
학 명	*Penstemon hybridum* Hort.	생육적온	13~25℃
영 명	Penstemon	내한성	3℃
생활형	다년초	광 요구도	양지
개화기	6~8월	수분 요구도	보통
화 색	분홍색, 적색, 남색 등 다양한 색	관리포인트	고온다습에 약함 배수가 잘되는 토양 월동을 위하여 가을에 다 진 꽃대 제거 3~4년마다 분주해야 함
초장, 초폭	60cm, 30cm		
용 도	정원용, 화단용, 절화용		
		비 고	많은 원예 품종이 있음

82. 현삼과(Scrophulariaceae)

1	2	3	4	5	6	7	8	9	10	11	12

식물명	꽃지황
학 명	*Rehmannia elata* N.E. Br.
영 명	Beverly Bells, Chinese Foxglove
생활형	다년초
개화기	4~10월
화 색	분홍색
초장, 초폭	40cm, 30cm
용 도	화단용, 화분용, 지피식물원

번식방법	분주(봄, 가을)
생육적온	15~25℃
내한성	−18℃
광 요구도	반음지−양지
수분 요구도	많음
관리포인트	월동을 위하여 가을에 시든 꽃대 제거해야 함 3~4년마다 분주해야 함

82. 현삼과(Scrophulariaceae)

1	2	3	4	5	6	7	8	9	10	11	12

식물명	바코파
학 명	*Sutera cordata* (*Bacopa cordata*)
영 명	Trailing Bacopa, Ornamental Bacopa
생활형	일년초(단명숙근초)
개화기	5~10월
화 색	흰색
초장, 초폭	20~40cm, 60cm
용 도	분화용, 걸이화분, 화단용, 지피식물원
번식방법	종자(13~18℃), 삽목, 분주
생육적온	15~25℃
내한성	5℃
광 요구도	양지
수분 요구도	많음
관리포인트	생육 기간에는 충분히 관수, 겨울에는 절수해야 함 따뜻한 베란다에서는 월동시킴
비 고	포복형으로 걸이 화분에 적합함 꽃이 지속적으로 피고 짐

82. 현삼과(Scrophulariaceae)

1	2	3	4	5	6	7	8	9	10	11	12

식물명	토레니아
학 명	*Torenia fournieri* Linden ex E. Fourn.
영 명	Wishbone Plant
생활형	춘파일년초
개화기	6~10월
화 색	분홍색, 남색
초장, 초폭	30cm, 30cm
용 도	분화용, 화단용
번식방법	종자(봄)
생육적온	16~25℃
광 요구도	양지
수분 요구도	많음
관리포인트	배수가 잘된 토양, 관상가치와 개화기 연장을 위해 시든 꽃 제거해야 함
비 고	많은 원예품종이 있음

1	2	3	4	5	6	7	8	9	10	11	12

식물명	로세타 우단담배풀
학 명	*Verbascum phoeniceum* 'Rosetta'
영 명	Mullein
별 명	우단담배풀
생활형	다년초
개화기	5~8월
화 색	분홍색
초장, 초폭	60cm, 40cm
용 도	화단용
번식방법	종자, 분주(봄, 가을)
생육적온	10~25℃
내한성	-15℃
광 요구도	양지
수분 요구도	보통
관리포인트	월동을 위하여 가을에 시든 꽃을 제거해야 함 3~4년마다 분주해야함
비 고	*Verbascum phoeniceum* 퍼플 멀레인

82. 현삼과(Scrophulariaceae)

1	2	3	4	5	6	7	8	9	10	11	12

식물명	우단담배풀
학 명	*Verbascum thapsus* L.
영 명	Common Mullein, Flannel Plant, Velvet Plant
별 명	멀레인, 베르바스쿰
생활형	이년초
개화기	7~8월
화 색	황색
초장, 초폭	60cm, 30cm
용 도	화단용, 허브정원, 식용, 약용
번식방법	종자, 분주(봄, 가을)
생육적온	10~25℃
내한성	−15℃
광 요구도	양지
수분 요구도	보통

1	2	3	4	5	6	7	8	9	10	11	12

식물명 베로니카 겐티아노이데스
학 명 *Veronica gentianoides* L.
영 명 Veined-Flowered Speedwell, Gentian Speedwell
별 명 용담잎 베로니카
생활형 다년초
개화기 7~8월
화 색 백색
초장, 초폭 80cm, 30cm
용 도 화단용, 분화용, 암석원

번식방법 종자, 분주(봄, 가을)
생육적온 10~21℃
내한성 −15℃
광 요구도 양지, 반음지
수분 요구도 보통
관리포인트 월동을 위하여 가을에 시든 꽃대를 제거해야 함
내건성 강함
3~4년마다 분주해야 함

82. 현삼과(Scrophulariaceae)

1	2	3	4	5	6	7	8	9	10	11	12

식물명	긴산꼬리풀
학 명	*Veronica longifolia* L.
영 명	Longleaf Speedwell
별 명	가는산꼬리풀, 산꼬리풀, 가는잎산꼬리풀, 가는잎꼬리풀, 좀꼬리풀
생활형	다년초
개화기	7~8월
화 색	남색
초장, 초폭	60cm, 30cm
용 도	화단용, 분화용, 자생식물원, 식용, 약용
번식방법	종자, 분주(봄, 가을)
생육적온	10~21℃
내한성	−15℃
광 요구도	양지, 반음지
수분 요구도	관수
관리포인트	월동을 위하여 가을에 시든 꽃을 제거해야 함 3~4년마다 분주해야 함

82. 현삼과(Scrophulariaceae)

1	2	3	4	5	6	7	8	9	10	11	12

식물명	베로니카 스피카타
학 명	*Veronica spicata* var. *incana* L.
영 명	Wooly Speedwell , Spike Speedwell, Ironweed
별 명	분홍꼬리풀, 왜성꼬리풀
생활형	다년초
개화기	7~8월
화 색	남색
초장, 초폭	60cm, 30cm
용 도	화단용, 분화용, 자생식물원, 식용, 약용

번식방법	종자, 분주(봄, 가을)
생육적온	10~21℃
내한성	−15℃
광 요구도	양지, 반음지
수분 요구도	보통
관리포인트	월동을 위하여 가을에 시든 꽃대를 잘라주어야 함 3~4년마다 분주해야 함
비 고	*V. spicata* var. *incana* 'Rose' 분홍꼬리풀 *V. spicata* var. *incana* 'Little Blue' 'Ulster Blue'

82. 현삼과(Scrophulariaceae)

1	2	3	4	5	6	7	8	9	10	11	12

식물명	냉초
학 명	*Veronicastrum sibiricum* (L.) Pennell
별 명	털냉초, 시베리아냉초, 민냉초, 민들냉초, 숨위나물, 좁은잎냉초
생활형	다년초
개화기	7~8월
화 색	남색
초장, 초폭	80cm, 30cm
용 도	화단용, 분화용, 자생식물원, 식용, 약용
번식방법	종자, 분주(봄, 가을)
생육적온	10~21℃
내한성	−15℃
광 요구도	양지, 반음지
수분 요구도	많음
관리포인트	3~4년마다 분주해야 함 월동을 위하여 가을에 시든 꽃대를 제거해야 함
비 고	sibiricum는 '시베리아의'라는 뜻임

1	2	3	4	5	6	7	8	9	10	11	12

식물명	왜현호색
학 명	*Corydalis ambigua* Cham. & Schleht.
별 명	산현호색
생활형	구근류
개화기	4~5월
화 색	보라색, 청색
초장, 초폭	15cm, 10cm
용 도	화단용, 분화용, Woodland Garden, 암석원
번식방법	종자(15℃, 1~3개월, 중온 + 저온 시 촉진) 분주(봄, 개화 후에 실시)
생육적온	13~21℃
내한성	−25℃
광 요구도	양지, 반그늘
수분 요구도	보통
관리포인트	건조에 강한 편임

83. 현호색과(Fumariaceae)

1	2	3	4	5	6	7	8	9	10	11	12

식물명	자주괴불주머니
학 명	*Corydalis incisa* (Thunb.) Pers.
별 명	자주현호색
생활형	이년초
개화기	5월
화 색	보라색, 분홍색
초장, 초폭	30cm, 10cm
용 도	화단용, 분화용, Woodland Garden
번식방법	종자(15℃, 1~3개월, 중온 + 저온 시 촉진)
생육적온	13~21℃
광 요구도	양지, 반그늘
수분 요구도	보통
비 고	현호색에 비해 땅속에 덩이줄기가 없음

83. 현호색과(Fumariaceae)

1	2	3	4	5	6	7	8	9	10	11	12

식물명	산괴불주머니	번식방법	종자(15℃, 1~3개월, 중온 + 저온 시 촉진)
학 명	*Corydalis speciosa* Maxim.	생육적온	16~25℃
별 명	암괴불주머니	내한성	−15℃
생활형	이년초	광 요구도	양지
개화기	4~6월	수분 요구도	보통
화 색	황색	비 고	개화기가 매우 길어 관상가치가 높음
초장, 초폭	50cm		
용 도	화단용, 분화용, 정원용		

83. 현호색과(Fumariaceae)

1	2	3	4	5	6	7	8	9	10	11	12

식물명	들현호색	용 도	화단용, 분화용, 정원용
학 명	*Corydalis ternata* Nakai	번식방법	종자, 괴경번식
생활형	다년초	생육적온	16~25℃
개화기	4월	내한성	−15℃
화 색	분홍색, 보라색	광 요구도	양지, 반그늘
초장, 초폭	15cm	수분 요구도	보통

1	2	3	4	5	6	7	8	9	10	11	12

식물명	포르모사 금낭화
학 명	*Dicentra formosa* (Haw.) Walp.
영 명	Common Bleeding Heart, Western Bleeding Heart, Wild Bleeding Heart
생활형	다년초
개화기	5~6월
화 색	적색, 분홍색, 흰색
초장, 초폭	25cm, 45cm
용 도	분화, 화단용, Woodland Garden, 암석원
번식방법	분주(가을, 봄), 종자(16℃, 봄), 근삽(직근 이용)
생육적온	10~25℃
내한성	−15℃
광 요구도	양지, 반음지
수분 요구도	보통
비 고	은은한 향기가 있음 *D. formosa* 'Alba' 흰색 포르모사 금낭화

83. 현호색과(Fumariaceae)

1	2	3	4	5	6	7	8	9	10	11	12

식물명	금낭화
학　명	*Dicentra spectabilis* (L.) Lem.
영　명	Bleeding Heart
별　명	며느리취, 며느리주머니
생활형	다년초
개화기	5~6월
화　색	적색, 분홍색, 흰색
초장, 초폭	40~60cm, 45cm
용　도	분화용, 화단용, Woodland Garden, 식용(어린순)
번식방법	분주(늦가을, 봄), 근삽(직근 이용, 7~10cm) 종자(15℃, 1~6개월, 채종 후 직파 18℃, 2주 층적처리 + 2℃ 6주 저온처리)
생육적온	10~25℃
내한성	−20℃
광 요구도	반음지, 양지(습기가 충분한 토양)
수분 요구도	보통
관리포인트	직근성으로 이식을 싫어함
비　고	흰금낭화(*D. spectabilis* 'Alba') 생장력이 약함

84. 협죽도과(Apocynaceae)

1	2	3	4	5	6	7	8	9	10	11	12

식물명	암소니아
학 명	*Amsonia tabernaemontana* Walter
영 명	EasternBlue Star, Wide-Leaf Blue Star
생활형	다년초
개화기	5월
화 색	청색
초장, 초폭	1m, 45cm
용 도	화단용, 습지원
번식방법	분주(봄), 삽목(여름), 종자
생육적온	16~30℃
내한성	-20℃
광 요구도	양지, 반음지
수분 요구도	중간
관리포인트	습한 토양 선호하나 건조에도 강함 음지에서는 개화 후에 1/2~1/3까지 잘라줌

84. 협죽도과(Apocynaceae)

1	2	3	4	5	6	7	8	9	10	11	12

식물명	일일초
학 명	*Catharanthus roseus* (L.) G. Don (*Vinca rosea* L.)
영 명	Rose Periwinkle, Madagascar Periwinkle, Cayenne Jasmine, Old Maid
별 명	매일초
생활형	일년초
개화기	7~9월
화 색	적색, 분홍색, 청색, 백색
초장, 초폭	30~60cm, 15~22cm
용 도	분화용, 화단용, 수목하부식재, 허브정원
번식방법	종자(21℃, 15~20일, 늦겨울, 초봄), 삽목(여름)
생육적온	16~30℃
내한성	5~7℃
광 요구도	양지
수분 요구도	보통
관리포인트	다년초로 키울 경우에는 이른 봄에 줄기를 잘라 분지수를 늘려 줌
비 고	꽃 하나의 수명은 하루지만 계속해서 개화함 독성식물로 식용하지 않도록 주의해야 함

84. 협죽도과(Apocynaceae)

1	2	3	4	5	6	7	8	9	10	11	12

식물명	무늬빈카
학 명	*Vinca major* L. var. *variegata* Loud.
영 명	Band Plant
생활형	상록성덩굴식물
개화기	4~7월
화 색	남색
초장, 초폭	20cm, 40cm
용 도	화단용, 덩굴식물원, 지피식물, 걸이화분
번식방법	분주, 삽목(봄, 가을)
생육적온	16~30℃
내한성	−10℃
광 요구도	반음지
수분 요구도	많음
관리포인트	3~4년마다 분주해야 함 충분한 관수 공중습도는 다습하도록 관리
비 고	variegata는 무늬가 있다라는 뜻임

85. 홀아비꽃대과(Chloranthaceae)

1	2	3	4	5	6	7	8	9	10	11	12

식물명	홀아비꽃대
학 명	*Chloranthus japonicus* Siebold.
별 명	호래비꽃대, 홀꽃대
생활형	다년초
개화기	4~5월
화 색	백색
초장, 초폭	20~30cm, 30cm
용 도	분경용, Woodland Garden, 암석원의 그늘 진 곳
번식방법	분주

생육적온	15~25℃
내한성	-15℃
광 요구도	반음지, 양지
수분 요구도	보통, 적습 토양 선호
관리포인트	습윤하고 부식질 풍부하게 관리해야 함 개화 시에는 반드시 빛이 충분한 공간에 식재
비 고	홀아비꽃대는 꽃대가 하나만 핀다는 의미임 향기가 있음

86. 홍초과(Cannaceae)

1	2	3	4	5	6	7	8	9	10	11	12

식물명	칸나
학 명	*Canna hybrida*
영 명	Common Garden Canna, Canna, Indian Shot Plant
별 명	홍초
생활형	춘식구근
개화기	7~10월
화 색	적색, 황색, 백색, 분홍색
초장, 초폭	70cm~1.5m,
용 도	화단용, 경재식재, 수생식물원
번식방법	종자(21℃, 1~2주, 종피에 상처를 낸 후 파종) 분주(눈을 붙여서 짧게 자름)
생육적온	16~30℃
내한성	5~8℃
광 요구도	양지
수분 요구도	보통
관리포인트	가을에 서리가 오기 전에 구근을 굴취하여 보관
비 고	습지에서 잘 견디는 칸나를 Water Canna(물칸나)라 부르며 *C. glauca*, *C. flaccida* 종이 있으며 시중에서는 *Thalia dealbata*를 물칸나로 흔히 부르고 있으나 잘못된 명칭

87. 회양목과(Buxaceae)

1	2	3	4	5	6	7	8	9	10	11	12

식물명	수호초
학 명	*Pachysandra terminalis* Siebold & Zucc.
영 명	Japanese Spurge
생활형	상록다년초
개화기	4~5월
화 색	백색
초장, 초폭	40cm, 30cm
용 도	화단용, 분화용, 지피식물원
번식방법	분주(봄, 가을), 종자, 삽목(봄, 가을 줄기삽)
생육적온	16~30℃
내한성	-18℃
광 요구도	양지, 반음지
수분 요구도	적음
관리포인트	건조하게 관수 배수가 잘되는 토양

88. 흑삼릉과(Sparganiaceae)

1	2	3	4	5	6	7	8	9	10	11	12

식물명	흑삼릉
학 명	*Sparganium stoloniferum* L.
별 명	흑삼능, 호흑삼능
생활형	다년초
개화기	6~7월
화 색	백색
초장, 초폭	80cm, 30cm
용 도	수생식물원, 습지원, Bog Garden
번식방법	종자, 분주(봄, 가을)
생육적온	16~30℃
내한성	−15℃
광 요구도	양지
수분 요구도	많음
관리포인트	깊이 30cm 미만의 습지에 식재 3~4년마다 분주해야 함
비 고	취약종임

색인

식물명, 별명

ㄱ

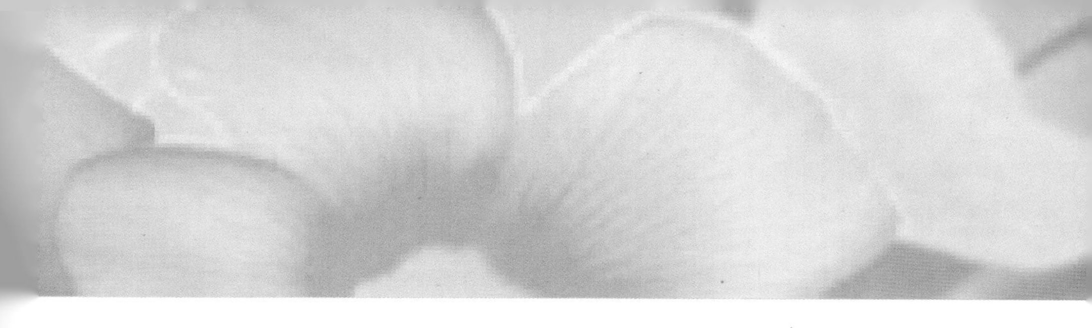

ㄹ

ㅁ

ㅇ

ㅈ

학명

A

B

C

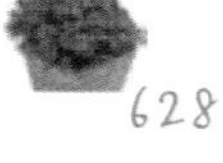

D

E

F

G

H

I

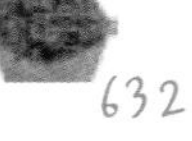

J

K

L

M

N

O

P

R

S

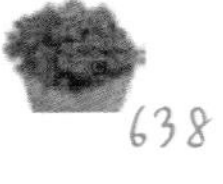

T

U

V

박석근(朴奭根, Park Suk-Keun)

서울대학교 농학과 학사, 석사, 박사(약용식물학 전공)
동경농업대학 농학과 원예학 전공 원예시스템학연구실 Post-Doc.

서울대학교 천연물과학연구소(생약연구소) 연구원
신구대학 도시원예과 조교수
일본 동경농업대학 객원연구원
삼육대학교 원예학과 겸임교수
건국대학교 농축대학원 생명산업학과 원예특작전공 겸임교수

현) 건국대학교 생명환경과학대학 분자생명공학과 강의교수
한국식물원연구소 소장
한국도시농업연구소 소장
한국테마식물원연구회 회장
(사)한국원예치료복지협회 부회장
한국자원식물학회 상임이사
한국농촌관광학회 상임이사

bgarden2000@hanmail.net

정현환(鄭鉉煥, Jung Hyun-Hwan)

서울대학교 원예학과 학사, 석사, 박사(화훼원예 전공)

서울대학교 수목원 assistant curator
천안연암대학 화훼장식계열 강사
신구대학 환경조경과 강사

현) 서울대학교 농업생명연구원 선임연구원
서울대학교 원예학과 강사
국립한경대학교 원예학과 강사
신구대학 원예디자인과 강사

aramdosa@paran.com

정미나(鄭美那, Jung Mi-Na)

서울시립대학교 산업대학원 환경원예학과 석사
건국대학교 생명환경과학대학 분자생명공학과(정원학 전공) 박사과정

농촌진흥청 원예연구소 초본화훼과 구근실
한택식물원(인턴)
천리포수목원 식물전문가 과정 수료
파주 쇠꼴마을 식물팀 팀장
양평 들꽃수목원 식물팀
파주 벽초지문화수목원 식물팀장
국립수목원 산림자원보존과 식물자원화 연구실 인턴연구원

현) 한국테마식물원연구회 회원
(사)한국원예치료복지협회 회원
한국자원식물학회 회원
(사)생명의 숲 회원
(사)한국식물원 수목원협회 회원

helleborus@hanmail.net

초판발행 2011년 12월 2일
초판 2쇄 2019년 1월 11일

지은이 박석근, 정현환, 정미나
펴낸이 채종준
펴낸곳 한국학술정보(주)
주소 경기도 파주시 회동길 230(문발동)
전화 031 908 3181(대표)
팩스 031 908 3189
홈페이지 http://ebook.kstudy.com
E-mail 출판사업부 publish@kstudy.com
등록 제일산-115호(2000. 6. 19)

ISBN 978-89-268-2775-8 96480 (Paper Book)
978-89-268-2776-5 98480 (e-Book)

이담Books 는 한국학술정보(주)의 지식실용서 브랜드입니다.